JN182080

ジャン=マルク・ドルーアン

昆虫の哲学

辻由美訳

みすず書房

PHILOSOPHIE DE L'INSECTE

by

Jean-Marc Drouin

First published by Éditions du Seuil, Paris, 2014
Copyright © Éditions du Seuil, 2014
Japanese translation rights arranged with Éditions du Seuil through
Le Bureau des Copyrights Français, Tokyo

目次

序文　5

第一章　微小の巨人　11
大きさ——平凡な概念の複雑さ　12
尺度《スケール》の変化　17
絶対的大きさという概念　20

第二章　コガネムシへの限りない愛　31
分類の基本　32
奇怪なワニ　34
境界線の問題　40
自然分類法　42
ダーウィンと変異する子孫　45
方法論の革命　48
まだ存在しなかったとき、昆虫は何であったのか？　52

第三章　昆虫学者の視線　56
作家と昆虫学者　57
活劇物語　64
風俗劇　67
ラ・フォンテーヌの寓話　69
昆虫の仕事　71
昆虫学者の文体　74
昆虫学者に向けられる視線　77
第四章　昆虫の政治　80
王それとも女王？　81
アマゾネスと顕微鏡　85
競合するパラダイム　91
共和制か君主制か　94
昆虫のあいだの不平等について　99
戦争と奴隷制　102
進化と社会　108

動物の社会？　115

第五章　個体の本能と集団的知能　120
クモとクモの巣　121
ミツバチと巣房　124
神の意図か、自然選択か　135
個体と超個体　137

第六章　戦いと同盟　145
蜂蜜、蜜蠟、絹　146
害虫と病原体の媒介動物　149
敵の敵　153
受粉――自然の秘密　157

第七章　標本昆虫　166
擬態　168
カムフラージュ　172

ショウジョウバエと遺伝学　175
社会生物学　179

第八章　世界と環境　187
ボディープラン　188
散歩者、イヌ、マダニ　190
現象学と動物学　193
動物行動学と動物の倫理　198

謝辞　206

訳者あとがき　208

参照文献　vii
人名索引　i

序文

将来が危《あや》うい ハタラキバチ。暴食漢のイナゴ。色とりどりのチョウ。病気を媒介する蚊。働き者で節約家のアリ。ピクニックの敵スズメバチ。幼子《おさなご》のようにまんまるなテントウムシ。半分かじった果物の内部でうごめく虫。ハートをえがいて交尾するトンボ。悲劇の愛をいとなむカマキリ……。私たちがおもいえがく昆虫の姿はじつに多岐にわたり、昆虫にかきたてられる魅惑や嫌悪の念も千差万別だ。科学的好奇心と、そこから生じた昆虫学の知識の構築は、こうした多様性を、削ぐどころか、あらためて実感させてくれる。

昆虫の世界は二つの異質性がきわだつ。私たちにとって不可思議で、そして、形態がひどくてんでんばらばらなことである。一七〇九年、フォントネルは昆虫についてこう言っていた。「他の動物ときわめて異なっているだけでなく、昆虫どうしがそれぞれきわめて異なっている。このことからして、自然は、無限に多様なかたちで、無限に多様な他の居住地にあわせて、動物を創造したことが分かる。」医師フランソワ・プパールに対する弔辞のなかの一文である。プパールは、一七〇四年の『王立科学アカデミー論文集』に載った「蟻地獄考《フォルミカレオ》」の執筆者で、フォントネルによれば、昆虫を観察する忍耐づよさと、「その隠された生活」を明るみにだす技法を有していたという（Fontenelle［1709］1825, p. 210; Poupart 1704）。

昆虫について語ると、つい最上級の表現をつかいたくなるものだ。ダーウィンが、ミツバチの巣づくりや、アリの社会の「奴隷制」について、「知られているあらゆる本能のなかでもっとも驚異的」と称したのはその例だ（Darwin 1859, p. 216）。さらに、二〇〇一年に刊行された『生物の系統分類』の卓越した序文のなかで、自然の奇跡などおよそ口にしそうにない著者たちが、昆虫の生物多様性は「奇跡的」で、「昆虫の種類の多さは想像に絶する」と述べ、二万種にのぼるアリを引き合いにだしている（Lecointre et Le Guyader, 2001, p. 318-319）。この途方もない種類が、さらに途方もない個体数を含む。昆虫と人間との共存の難しさのほどをしめすものだろう（Lamy 1997 参照）。

微に入り細をうがつ昆虫観察については、見解の相違があった。一七五三年、ビュフォンは『動物の本性にかんする論考』と題した著作で、「ハエ一匹が自然のなかで占める以上の場が、博物学者の頭のなかを占めるべきではない」と主張した（Buffon 1753, p. 92）。これは暗にレオミュールに向けられた矛先《ほこさき》だが、ビュフォンはこうもほのめかしている。「観察するほどに、そして論理性を失うほどに、賞賛の念がわいてくるものだ。」不当で意地の悪い批判である。レオミュールは大著『昆虫誌』〔原題は『昆虫史に役立てるための記録』〕のなかで、観察しながらも論理的でありうることを証明していた（レオミュールについては以下を参照。Torlais 1961, Drouin 1987, Drouin 1995）。たとえば、科学的重要性は、その対象の大小によるものではなく、方法論の適切さ、設問の鋭さにあると主張した。十九世紀、昆虫学者ピエール＝アンドレ・ラトレイユはきわめて多種の昆虫について記述し、植物学者が端緒をひらいた自然分類法にしたがって分類をこころみた（Drouin 2008 参照）。同じ時代、ラマルクは無脊椎動物を定義し、昆虫とクモ類を、形態と生理学的特徴とを区別しながらも、このなかに含めた。

日常の言葉では、「昆虫」という語はひろい意味につかわれ、クモやサソリなども含まれている。「昆虫」という語のこうした使いかたは、用語として適切でないだけでなく、分類学的にまったくまちがっているが、それは動物についての無知からきている。実際、古生物学や比較解剖学は、昆虫とクモ類との区別は恣意的どころか、進化の歴史のなかにその論拠をみいだせることをしめしている。

しかし、私たちの住居や環境に棲みついている小さな虫をあつかう著作や展示や記事では、クモ類はあいかわらず昆虫と一緒にされている。ジャン＝アンリ・ファーブルの『昆虫記』では、クモ類とサソリに指定席が与えられている。ファーブルは、その前の時代のレオミュールと同じように、分類の研究より行動の観察に関心をもっていた。とはいえ、彼らがラトレイユやラマルクの分類法の枠内におさまっていたことは確かだ。あきらかに、『昆虫記』は昆虫だけでなく、昆虫的なものにかんする記録なのだ。

現代のヨーロッパ文化の昆虫とのかかわりあいを、魅惑と嫌悪の二律背反でくくることはできない。ありきたりの表現でも、昆虫は慣用句や比喩や隠喩につかわれている。アリのように働く、スズメバチのウエスト、「ゴキブリ持ち」または「マルハナバチ持ち」（憂鬱）、チョウのように飛びまわる、「ハエを取る」（むかっぱらを立てる）……。「馬車のハエ」（せわしく動くだけの役立たず）もあれば、ソクラテスが自分の方法論を説明するのになぞらえるのは馬にたかるアブで、いらいらさせるが刺激になる（プラトン『ソクラテスの弁明』三〇）。イギリスでは、一九六〇年代のもっとも有名なロックグループはビートルズの名をもち、スペリングは異なるが、カブトムシ（甲虫）を意味する……。子どもの歌や大人のはやし歌にもときおり昆虫がでてくるが、なかでも圧巻はロベール・デスノスの詩「アリ」である。

映画や文学のほうは、恐怖をかきたてる昆虫を登場させている。とくにアリにかんしては、ハーバード・ジョージ・ウエルズの『アリの帝国』（一九〇五）から、フィクションと実際の情報をミックスさせた、ベルナール・ウエルベルのベストセラー小説まで（その初巻は『アリ』と題されている。Werber 1991）。さらには、金属を食べるアリがニューヨークの高層ビルを脅かす、ディーノ・ブッツアーティの架空の物語（Buzzati 1998）。この分野では、アリは大スターだ（Sleugh [2003]2005. Lhoste et Casevitz-Weulersse 1997）。

昆虫が不安をあおる小説やフィクション映画とは別に、写真や映像にもよく昆虫がクローズアップされるが、それは、「ミクロコスモス」または「昆虫の顔」を見せることで、驚嘆させ知識をあたえることを狙ったもので、怖がらせるというよりは魅惑しようという意図がはたらいている（Nuridsany. Pérennou 制作の映画「ミクロコスモス」および写真集、1996）。モントリオールの昆虫館《インセクタリウム》をはじめとする博物館の創設も同様の着想からきている。

一般的にいって、昆虫がどんな位置を占めるかは、文化によって異なる。アンドレ・シガノス著『昆虫の神話学』は集団的な想像の世界の構造のなかで昆虫が占める位置を分析している（Siganos 1985）。最大の相違のひとつは、昆虫の食用。食用を当たり前とする民族もいれば、論外とする民族もいる。といっても、その人たちも、エビなどの海生甲殻類は食しているのだが（Bizé 2001）。

昆虫恐怖症の極限は、昆虫の大群に襲われる人間をえがいたものと思われがちだが、農村や都市が昆虫に占拠される以上に戦慄をかきたてるものがある。自分自身が昆虫に乗っ取られることだ。カフカの小説『変身』では、主人公は昆虫に変身し、文字通り自己を失ってしまう。一九六二年に出版され、一九六四年に映画化された日本の小説『砂の女』では、不安感をおこさせるのは、大きさでも侵入でもなく、主人公が昆虫のように罠にはめられるさまだ。
二、三十年前から、「昆虫が来襲する世界で、私たちはどうなるのだろう」という不安にとってかわって、エコロジーに対する関心の高まりとともに、「昆虫（とくにミツバチ）が消滅した世界で、私たちはどうなるのか」が問われるようになった。この問いに答えるには、環境の倫理にとどまらずエコロジーの知識の活用が必要とされる。
「昆虫の哲学」とは、さまざまな昆虫の哲学ではない。それは、私たちが当たり前のように口にする、「法の哲学」、「芸術の哲学」、「科学の哲学」、「自然の哲学」などと同じ意味での「昆虫の哲学」なのだ。哲学者は、昆虫を含めずに生物を考えることはできず、昆虫学が問いかけてくるものに耳を貸さずに昆虫を考慮することはできないという、哲学的信念をあらわすものである（これらのいくつかはDrouin 2013に言及されている）。

となると哲学は、大きさと尺度といったような、いくつもの本質的な問いに直面する。昆虫という概念は、さまざまな近縁種がそぎ落とされて、できあがってきたものであることを知る。動物行動学や、それを昆虫の行動に文学的に敷衍《ふえん》したものは、昆虫についての言説が、どれほど擬人化に染められているかをしめしている。擬人化は、追放したはずの亡霊、乗り越えたはずの障害なのだが、ほんとうに決別してはいない。したがって、哲学は、昆虫の社会という概念を検証する。集団的知性という概念の出現に問いを投げかける。私たちの社会・経済生活における昆虫の位置を考慮しながら、害虫・益虫、有用・無用を区別する図式の根本的変革から生じる方法論的、認識的、実践的結果について考察する。昆虫学とは異なる分野でなされた昆虫にかんする研究について調べ、そのエピステモロジックな寄与をみいだす。さらに、「昆虫の世界」は、「動物の世界」についてのより広い観点からの問いかけ、そして、倫理的次元での可能性と限界についての問いかけへとみちびくのである。

第一章　微小の巨人

「どのくらい大きければ、尊重していただけるのですか?」昆虫を蔑視する人たちにミシュレはそう問いかけることで、一般の感覚では、小さいということが昆虫のだいいちの特徴であることを強調した（Michelet 1858, p. 359）。若干のふくみをもたせながらも、彼はこの第一印象を否定はしなかった。昆虫の識別の手引きを書いたある著者は、昆虫の長さは「四分の一ミリ足らずから三十センチくらいまでで、翅を広げた長さは、二分の一ミリから三十センチくらい」と述べている（Chinery [1973] 1976, p. 14）。オーストラリアのナナフシ（*Acrophylla titan*）は、胴体が細長く、糸のような脚をしていて、三十センチくらいの長さになる。蛾《ガ》にも翅をひろげると同じくらいの幅になるものがあるが、それは例外的な昆虫だ。ヨーロッパの動物相にかぎっていえば、メンガタスズメ（ドクロ蛾）は最大でもせいぜい十二センチほどで、クワガタムシは五センチをこえない（Chinery, *ibid.*, et p. 339）。昆虫にかんする考察で認めざるをえないのは、最大のものでも、そのサイズは私たち人間の十分の一くらいだという点である。それさえも、稀にしかいない極端に大きな昆虫だ。

大きさ――平凡な概念の複雑さ

さて、ここで主要なテーマとなる大きさには、おもいがけない特徴がある。大きさを、形とポジションという他のふたつの空間的要素と比較してみると、その特徴がはっきりしてくる（本章の考えのいくつかを私は、自然システムにおける全体と部分についての問題提起の枠組みで展開したことがある。Drouin 2007 参照）。特別に手をくわえないかぎり、固体の物体はポジションを変えても、変化するとはかぎらない。私のエンピツは、手で縦に持っても、テーブルのうえに横にころがしても、変わらない。これに対して、ある物体の形を変えることは、変態させることで、それは、外見のこともあれば、内部構造のこともある。大きさは、ポジションよりも、その物体と密接にむすびついているが、形ほどのむすびつきはない。大型にしても小型にしても同じでありうる物体が存在するからだ。形が同じで大きさが異なるものは、初等幾何学にみえる。相似三角形や、他の相似形といった論理の産物もそうだし、昔話や神話に住みついている小人《こびと》や巨人といった想像の産物もある。現代文学もこうした系譜を捨てていない。シュルレアリスムの詩人ロベール・デスノスの筆のもとで、「十八メートルのアリ」が姿をあらわす。そんなアリが、ラテン語やフランス語やジャワ語をしゃべる「ペンギンやカモを大勢のせた荷車」を引くさまは、みんなをおもしろがらせる。ベルギーの漫画には、スマーフ（シュトロンフ）という人気キャラクターが登場するが、それは、青色の小さな妖精で、大きなキノコほどのサイズの家に住んでいる（ペヨことピエール・キュリフォールが一九五〇年代末、雑誌『Spirou』にこの小人たちを登場させた）。アメリカ映画は、巨大昆虫の突発的な発生を題材にして、数々のホラー映画を制作した。たとえば、ゴードン・ダグラス監督の映画「放射能X」（一九五四）では、捜査官たちは、巨大蟻と戦うために昆虫学者の専門知識に助けをもとめる。原題の *Them*（やつら）は、見馴れた昆虫が大きさを変えるだけで、いかに異様で恐るべき様相を呈し、まったく別の存在になるかをしめしている。

想像力に訴えかけるには、必ずしも物語的な要素が必要なわけではない。パスカルの『パンセ』の断章にその例をみることができる。そのなかで、パスカルは私たちが二つの無限のあいだにぶらさがっているように感じさせる。地球は宇宙のなかでは微々たる存在であることを指摘してから、パスカルは私たちの目を「コナダニ」に向けさせる。今日では昆虫ではなく、ダニ目つまりクモ綱に分類されているこの小さな虫をとおして（今日の昆虫学者は、クモ綱を昆虫と区別しているが、両者とも、ムカデや甲殻類とともに、節足動物に含めている。第二章参照）、「宇宙の無限」の考察へといざない、宇宙をとおして、コナダニをも含む小さな動物について考えることをうながす。「これらのコナダニのなかに、最初のコナダニが見せてくれたすべてを再び見出すだろう」。そしてパスカルは驚嘆する。「私たちの身体は、宇宙のなかでは目に見えない微小のもの、感知されないものだったのに、到達しえない虚無と対比すれば、巨人であり、世界であり、全体なのだ」（『パンセ』断章七二）。全体と虚無という両極端の用語をいっとき除外して考えると、これらの微小動物は、そのレプリカの住む世界を包含するという空想に驚かされる。コナダニは小麦粉やチーズを棲みかにしていて、リトレによれば肉眼で見えるもっとも小さい動物だが、パスカルの筆のもとでは、ありとあらゆる大きさで存在しうるのだ（パスカルとコナダニについては、Séméria 1985 参照）。

サイズを変化させるというこの発想はそっくりそのまま、つぎの十八世紀、ジョナサン・スウィフトの『ガリヴァー旅行記』にみることができる。スウィフトは主人公ガリヴァーをつぎつぎにいろいろな国に行かせるのだが、最初の国リリパットは小人の住む国で、二番目の国ブロブディンナグの住人は巨人。リリパット国王に仕える数学者たちが、ガリヴァーの背丈を自分たちの十二倍と見積もる。そこから、その体の容積は千七百二十八倍というじつに正確な数字を算出し、それに相応する飲料と食料が必要だと結論する（第一篇第三章）。スウィフトは巨人の国については、そこまで正確な数字をしるしていないが、テーブルにのせられたガリヴァーは床から三十フィートの高さに置かれている。私たちのテーブルの高さが平均二フィート半であることを考慮すると、巨人たちの体軀は私たちの十二倍になる（この計算は、ダーシー・トムソンがブロブディンナグ人の歩幅をわれわれの歩幅と比較して導き出したものと一致する。Thompson 1917/1961;『ガリヴァー旅行記』第二篇第一章。ダーシー・トムソンについては後述）。ガリヴァーと巨人との対比は、リリパット人とガリヴァーとの対比に匹敵するわけで、となると、ガリヴァーの体軀は、巨人とリリパット人の幾何学的平均値になる。

その二十六年後、風刺の意図がこめられたヴォルテールの哲学小説『ミクロメガス』（Voltaire 1752）に、またべつの巨人が登場する。シリウス星の住人ミクロメガスの背丈は三十九キロメートルだが、土星で出会ったその道づれは二キロメートルしかない。彼らの形態や振る舞いは、私たちとそっくりだ。ただ彼らが生きる時間は、居住地の星の大きさと関連していて、その巨大な体軀にみあっている。このため、はやくも第一章で私たちが目にするのは、シリウスの住人が子ども時代を終えるころ、つまり四百五十歳のころ、直径百フィート弱の「昆虫」にかんする本を制作したことで、異端の咎《とが》を受けるさまである。

大きい、小さいという特徴は、あくまでも相対的で、同一人物が大きくなったり、小さくなったりをくり返すこともある。アリスはうかつにも小瓶の中身を飲んでしまったために、背丈がどんどん縮まり、ついに十インチ、つまり二十五センチくらいになってしまう。あるケーキで今度は大きくなり、他の食べ物でまたしても小さくなる（Carroll 1865. 一章、二章、四章の終わり）。ルイス・キャロルという筆名のほうがよく知られているが、この作品を書いた論理学者・数学者のチャールズ・ドジソンは、このはなばなしい変化になによりも遊びのおもしろみをあたえている。

大小にかんするこうした機智にとんだ創造は、無と無限に関する考察の素材や、社会風刺の口実につかわれるだけでなく、昆虫の啓蒙書がこのんでもちいる手法のひとつでもある。

ピエール＝アンドレ・ラトレイユは、一七九八年、『フランスにおける蟻の歴史試論』のなかで、蟻塚《ありづか》は、「建築者の小ささと、建造物の大きさとが対照をなすピラミッド」だと述べている（Latreille 1798, p. 24）。その三十年後、マルシアル・エティエンヌ・ミュルサンは、女性読者むけの入門書『昆虫学についてのジュリーへの手紙』のなかで、その前の世紀にリンネが提起した発想を踏襲して、こ

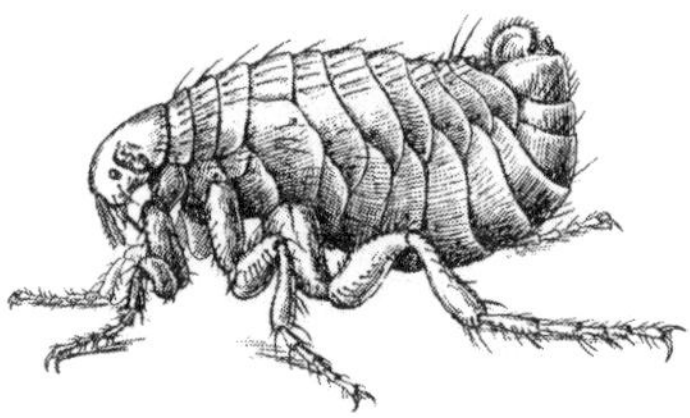

ノミ　Richard Erlich 画, Karl von Frisch 1955 所収.
根強い伝説に反して，100 メートル跳躍するノミは，デスノスの 18 メートルのアリと同じくらい現実味がない.

う言う。もしゾウが、クワガタムシほど力持ちならば、岩礁を移動させ、山を平らにしてしまえるだろう（Mulsant 1830, p. 115. ミュルサンについては Perron 2006 を参照）。一八五八年、ミシュレは、頑丈な甲冑をまとって俊敏に動くオサムシやコガネムシが「小さくないとすれば、われわれは安閑としていられなくなる」と指摘し、こうつけくわえる。「体の大きさに比例して、オサムシやコガネムシほどの力を有する人間がいるとすれば、コンコルド広場のオベリスクを腕にかかえてしまうだろう。」もっと最近のものとして、バート・ヘルドブラーとエドワード・ウィルソン共著の啓蒙書は、確かな学識にもとづく作品にはちがいないが、ブラジルで発見されたアリの巣について、「人間の規模にすれば、中国の万里の長城の建設」に匹敵すると書いている（Hölldobler et Wilson 1994）。カール・フォン・フリッシュはミツバチの行動の研究でよく知られていて（Frisch 1953. カール・フォン・フリッシュについては彼の自伝参照。Frisch 1957）、その功績で一九七三年ノーベル生理学医学賞をうけたが、一九五五年、『私たちの家に棲む十の小さな生きもの』と題した昆虫学の入門書を刊行していた。そのなかで、ヒトノミ（*Pulex irritans*）は、十センチの高さ、三十センチの幅を跳ぶ、と述べ、この数字が何を意味するかをしめすために、「人間の大人が同程度のことを成し遂げようとすれば、体の大きさを考慮に入れると、百メートルの高さ、三百メートルの距離を跳ばなければならない」(Frisch 1955) とつけくわえる。分析を簡単にするために、高さだけに限って言うことにするが、距離についても同じ論理がなりたつ。その論理は、ふたつの関係の同等性にもとづく。第一の関係は、昆虫の大きさと人間の大きさとの対比だ。だいたい一対千。第二の関係は、ノミにおいて観察される十センチの跳躍というパフォーマンスと、それに匹敵するものとして人間について計算されたパフォーマンスで、ここでは百メートルの跳躍という、とてつもない数字がしめされている。計算値ではあるが、空想の産物にすぎない。

尺度《スケール》の変化

前述のような比較は、想像力を満たしてくれるうえに、論理にかなっているかのように見えるが、こうしたことを論じる人びとは、大きさの関係にはスケールの変化を考慮に入れなければならないことを忘れている。てっとりばやく言ってしまえば、空気抵抗は無視するとしても、動物の長さが二倍になれば、その筋力(筋肉の断面、つまり表面積に比例する)は四倍になり、重さ(容積に比例する)は八倍になる。同様に、かりにノミの大きさが千倍になったとすれば、その筋力は百万倍になり、体重は十億倍になる。ノミはまちがいなくより強くなるだろうが、それ以上にはるかに重くなってしまう。つまり、ノミやバッタに、私たち人間の背丈を仮定することは無意味であり、それほど高く跳躍できるようにはならない。

自分よりも大きい荷物を運ぶアリの力が並外れてみえることについても、同じような説明がされる。跳躍についてと同様、私たちがどのくらいの重さをかつげば、アリに太刀打ちできるのか、想像してたのしむのもいい。一見したところ、ここでも、ことはごく簡単で、アリが私たちと同じ大きさならば、どのくらいの重さを運べるかということになる。それは、大きさの変化が、身体におよぼす結果を考慮に入れていない、ただの幻想にすぎない。

昆虫学の文献は、かならずしもそうした幻想を抱えこんでいるわけではなく、ときには難解な証明を、一般の読者に対してさえ、あえておこなおうとする著者もいる。

一徹な昆虫学者エミール・ブランシャールの著作のなかに『昆虫の変態、行動および本能』と題した、一般読者むけの著書があり、一八七七年に第二版がでている。昆虫のパフォーマンスをきわだたせるためのお馴染みの比較について言及してから、フェリックス・プラトーによる筋肉力の測定を参照して、「小さな動物種の力は、大きな動物種に比してつねに相対的にずっとまさっている」という基本的考えをしめし、つぎのように説明する。「体重は容積にしたがって増大するが、筋肉量によってきまる運動力は面積に応じてしか増大しない。」(Blanchard [1868]1877, p. 81)

一九三〇年に出版されたモーリス・メーテルリンクの筆になる『蟻の生活』にも、同様の大胆な啓蒙の意図がみえる。この詩人は、「アリが自分の体の二、三倍のものを運んでいるのを見たとき、われわれすべてが知らず知らずにおちいってしまう」間違いに対して注意をうながす (Maeterlinck

1930, p. 207)。この間違いは「昆虫の重さを考慮せず」、われわれが直接見ることができる大きさのみに注目するからだ。メーテルリンクは分析をさらにすすめるために、一九二二年『メルキュール・ド・フランス』誌に載った「レミ・ド・グールモン、J-H・ファーブル、蟻」と題した論文を引き合いにだす。執筆者はアルジェ大学のアリ学者ヴィクトル・コルネで、この学者自身、一九一三年七月の『科学雑誌』に掲載されたイヴ・ドラージュの論文を参照している（Delage 1913. コルネの論文と『蟻の生活』で一九一二年となっているのは誤り。ドラージュについてはFischer 1979参照）。メーテルリンクは、このふたりの学者――とくに後者は高名な生物学者――に依拠して、アリの体重はその体長の三乗に比例するが、筋力は体長の二乗に比例することを、読者に説明する。ドラージュによれば、アリは「自分の体より十倍重い麦の粒をはこぶが、かりにその体長が千倍になったとすれば、自分の体重の百分の一しかはこべない」のはこのためだ（Maeterlinck 1930, p. 206-209)。アリは、物理学者が言う「スケール効果」の恩恵をうけているのである。

一般の人たち、いや教養人にさえ知られていないが、スケール効果は、建造物の耐久性にかかわるだけに、技術的知識の分野では、当然ながら久しい以前から知られていた。こうした経験的知識の反映として、アリストテレスが『政治学』のなかで、「都市国家には、動物や植物や道具など他のすべてのものと同じように、それにふさわしい大きさがある」(VII, 4, 9）と論じている箇処を読むとよいだろう。船の大きさにしても同じで、大きすぎても小さすぎても進むことはできない。同じく、「人口が少なすぎる国家は自給できず」、大きすぎると、人びとの集団としては存在しえても、制度や機関をそなえた国家にはなりえない。

ギリシアの哲学者にまで話をもってゆかなくても、ジョン・バードン・サンダースン・ホールデンは、これをテーマにして、一九二八年、『適切な大きさ』と題したエッセイを書いた。この英国の遺伝学者は、科学の専門書以外にも、一般の人たちに向けて数々の記事を書いていて、それが政治にも相通じることをこのんで強調していた。そこで、彼の文章をつらぬく基本的な考えは、どんな動物にも最適な大きさがあり、「人間の社会制度」についてもそれはいえるというものだ。「空中を千フィートも跳べる」と「人びと」が信じる架空のノミのところで、ホールデンはちょっと足を止めて、あまりにも広く浸透している間違いに対して反論する。「動物が跳躍する高さは、その体長に比例するというより、むしろ体長とは無関係だ。」古代都市と民主主義との関係について語りながら、大きな国家では代議制は同じように民主主義を実践する手段であると指摘する。つぎに、ホールデンは、自分が好感をいだいている社会主義の問題に言及するが、ここでは、該当する国家の大きさという観点からのみ論じている。結論として、大英帝国やアメリカ合衆国が完全に社会主義化したとすれば、代議制を機能させることは、「ゾウが危険な跳躍をしたり、カバがハードル競技をしたりする」のと同じくらい難しいだろう（Haldane [1927] 1985, p. 7-8）。

絶対的大きさという概念

個々の実在には決まった大きさがあるというアリストテレスの言説は、古代の宇宙観について知られていることと合致しているので、驚かされるようなものではない。これに対して、現代の生物学者が考える「適切な大きさ《ライト・サイズ》」という発想には、驚かされるかもしれない。問題は、スケール効果を考慮に入れると必然的に、絶対的大きさという概念にゆきつくかどうかである。それには、ガリレイが一六三八年にあらわした『新科学対話』のなかでしるしているスケール効果にかんする論述にふれておかなければならない。

この書は、物体の耐久性と地上の物体の運動をあつかったもので、イタリア語で書かれていて、一六三二年の前作『天文対話』でもちいた方式をひきついでいる。対話のかたちをとり、登場するのは、ガリレイ自身を代弁するサルビアーティ、凡人の見解を代弁するサグレド、アリストテレスの擁護者として悪役を演じるシンプリチオである。大きさの問題は、はやくも初日に提起される。小さな機械で実証されることは、かならずしも大きな機械には当てはまらないとする技術者たちの意見をもとにして、サルビアーティは、ある物体の大きさの増大は、その強度の減少をともなうと指摘する。この認識を彼はさらに樹木や動物に敷衍する。

ウマが三、四クデ（一・五メートルから二メートル）の高さから落ちて骨折することはあるが、イヌが同じ目にあっても、または猫が八〜十クデの高さから落ちても怪我することはまずないし、コオロギが塔のてっぺんから放りなげられても、アリが月の軌道から飛びだしても、同じことで

す。(Galilée 1638)

空から落ちてくるアリという発想に、びっくりした様子をしめす者はいないようだ。サルビアーテイはさらに論理をおしすすめる。

小さな動物が相対的に大きな動物より頑丈で強靱なように、より小さな植物はよりしっかりしていて[……]、自然が馬を二十倍も大きくすることはできないし、ふつうの人間を十倍の大きさの巨人にすることもできません。そうするには、何かの奇跡をおこすか、さもなくば四肢、とくに骨の釣り合いをそうとう変えなければならないでしょう。

二日目にも同じテーマが話題になり、ガリレイは「類似する円柱と角柱」の耐久力についての幾何学的証明を展開し、その論理を生物にあてはめるが、シンプリチオのほうはクジラの巨体をもちだす。サルビアーティは彼の反論にこたえて、巨体を可能にしているのは、水の密度だと主張する。浮力という語そのものは用いていないが、アルキメデスの浮力のことである(水生動物の場合についての最近の説は、Schmidt-Nielsen 1984, p. 48-49 参照)。サルビアーティはこう結論する。動物が無限に体長を伸ばそうとすれば、「通常の物質よりはるかに強靱で耐久性のある物質がつかわれ、骨が変形させられなければならず」、そうすれば、「形態も様相もひどく醜悪なものになってしまうでしょう」。つまり、サイズを変えることは、形をかえることを意味するのだ。ガリレイは、この考えの具体例をあらわすデッサンをしめし、「骨の長さは三倍にしただけだが、骨の厚みのほうは、小さな動物の小さな骨にできることを、大きな動物が達成できるほどに増大させた」という。じつのところ、それから三世紀半を経て、クヌート・シュミット＝ニールセンが、動物の生理学におけるスケール効果にかんする著作のなかで指摘しているように、その図にえがかれた骨の厚みの増大は大げさすぎた。大きな骨は、小さな骨の九倍の厚さになっているが、五・二倍で十分だ（Schmidt-Nielsen 1984, p. 42-43. 同じ意味で、Picq 2003）。このアメリカの生理学者にとって当然ながら、こうした計算違いが、ガリレイがこの分野ではたした決定的な役割をおとしめるものではない。

ガリレイの果たした役割については、すでにダーシー・トムソンが強調していた。このスコットランドの動物学者は、アリストテレスの著作にも三角関数にも精通していて、『生命のかたち』と題した著作をあらわした。考察はぬきんでているが、出版のほうは紆余曲折をたどった。第一版が出たのは一九一七年、七九三ページの厚さだった。増補改訂版（一一一六ページ）は一九四二年、ダーシー・トムソン自身の手で制作された。彼の死後、一九六一年、ジョン・タイラー・ボナーの手で縮小改定版（三五〇ページ）が刊行された。この版にはスティーヴン・ジェイ・グールドの序文がそえられ、ポケット版に入り（Thompson 1992）、ついで、ドミニク・ティシエ訳、アラン・プロシアン序文のフランス語訳が出された（Thompson 2009）。この復刻版のおかげで、ひとつの形からもうひとつの形へと構造が徐々に移行する、かの精緻な図形がひろく知られるようになった（この理論の素晴らしい総括が Bouligand et Lepescheux 1998 である。Thompson 1992 の甲殻類の図示も参照）。
ダーシー・トムソンは、その著作の第一章をスケール効果にさいている。そこで、ガリレイの論理はきわめて正当だったと指摘している。また、ジュネーヴの物理学者ジョルジュ＝ルイ・ルサージュの考察の明快さを評価している。ピエール・プレヴォストによって一八〇五年に出版されたものである（ルサージュまたはル・サージュ［一七二四―一八〇三］とプレヴォスト［一七五一―一八三九］については、Trembley 1987 参照）。こんなふうに過去にさかのぼってみると、ダーシー・トムソンは、生理学も形態学に劣らないくらい重視していた。彼が参照しているジャン＝フランソワ・ラモーとフレデリック・サリュはそれぞれ医師、数学者だが、彼らの代謝にかんする共同研究は、一八三八年―三九年に発表された論文で知られている。それによれば、放射による熱の喪失は表面積に比例し、長さの二乗にしたがって変化するが、生体による熱の生成は容積に左右され、長さの三乗にしたがって増減する（Rameaux et Sarrus 1838-1839 および Rameaux 1858. ラモーについては Arnould 1975 参照）。この事実認識に依拠して、生理学者ベルクマンは、一八四七年、小型の動物は大型の動物よりもエネルギーの消費量が多く、したがって、北極の地域の生活にはより適応がむずかしいとした。ここから「ベルクマンの法則」と呼ばれるものが生まれたが、ダーシー・トムソンの『生命のかたち』を出版したジョン・タイラー・ボナーは、その法則は同一種のあいだにしか通用せず、そう限定しても、なお異論がのこる、と述べている（Thompson 1992）。けれど、ダーシー・トムソンにとって重要なことは、こうした環境生理学の原則を検討することではなかった。序文を書いたスティーヴン・ジェイ・グールドが要約しているように、肝心なことは、長さと、表面積と、容積との関係から、大型の生体と小型の生体は、おなじ力には支配されない世界に生きていることを、理解させることであった。こうして、それ以上でも以下でも、これらの生物の存在が考えられないという空間的なスケールの輪郭がみえてくる。

これと似た考察は、すでにその数十年前、アントワーヌ・オーギュスタン・クルノーの著作『唯物論、生気論、合理主義』のなかにみることができる。タイトルから予想されるものに反して、この著書は、唯物論や生気論や合理主義の影響をうけた形而上学的思考にとりくむというよりも、物質や生命や理性を対象とする科学についての哲学的分析を展開する。スケールの問題については、「純粋幾何学」の観点では、「物体の大きさ（……）は相対的なものにすぎない」。こうした抽象的次元にとどまっているかぎりは、「大きさの絶対値も、小ささの絶対値も存在しえない」とクルノーは言う。そこから出てくるのが、私たちが相似と呼んでいる概念で、クルノーは、「同じ形状は、無限に異なるスケールでつくりだすことができ、その場合、相似していると言われる」と説明する。彼が「哲学者や文学者」と呼ぶ人たちが、「こうした抽象的な考察を物質の現実の領域に」移しかえてみたとき、「楽しいおとぎばなし」になったり、「雄弁な論述」になったりする。名はあげていないが、パスカルとスウィフトのことで、クルノーはまずふたつの無限というテーマにふれ、つぎに、「ガリヴァーはリリパットの小人をポケットに入れたのち、こんどは自分のほうが巨人のポケットに入れられた」ことをおもいおこさせる。ついで、これらのフィクションはわきによけて、こうつけくわえる。

だが、宇宙研究は、われわれをより確かな事実へとみちびく。実際、どんな部類の現象にも、固有のスケールがあり、一般的に、ひとつのスケールともうひとつのスケールとのあいだにははっきりした隔絶がある。惑星や山岳ほどの大きさの結晶体は存在しえないし、顕微鏡の倍率をどれほどあげても、水晶体や水滴のなかに太陽系に類似したものをみつけることはできないし、微小な植物や動物のなかにミニチュアのカシの木やゾウをみつけることもできない。(この引用全体については Cournot [1875]1987 参照)

水滴のなかに「太陽系」をみつけることはできないという主張は、それから数十年して、あたかも大きな恒星の周囲を回転する小惑星のように、エレクトロンが核のまわりを回っているという原子のかたちによって反駁されることになる。じつのところ、それは頭にえがくのに便利なかたちではあるが、原子理論を正確にあらわしていないことは周知のとおりだ(原子理論の歴史については、Bensaude-Vincent et Stengers, 1993, p. 294-303 参照)。

そんなわけで、クルノー、そして、その数十年後にダーシー・トムソンは、実在するさまざまなものにはそれに合った大きさというものがあり、その枠をこえたところでは、架空のものとしてしか存在しえないと主張したのだった。フランスの哲学者クルノーは、イギリスの博物学者のつぎの言説に同調したことだろう。「人間や樹木、鳥類や魚類、恒星や恒星系、それらにはそれぞれ適切な規模があり、ある程度の幅をもつ絶対的大きさの範囲におさまっている」(Thompson 1992)。

地動説の歴史に足跡を残したように、ガリレイがスケールに関する発見の歴史にもあらわれるということは、この二つの思考法をむすぶことへとみちびく。あたかも十七世紀の科学革命がふたつの断絶をもたらしたかのように、すべては進展していた。ひとつは、何度もくり返して語られたことだが、地球の脱中心化、そしてもうひとつは、ほとんど認識されていないが、ものごとのそれぞれの領域に、絶対的大きさの概念をみとめたことである。私たちは子どものころから宇宙の大きさを相対化してしえられてきたので、それは自然な感覚に反している。ひな型や小型模型の調整につねに取り組んでいる技術者や技師には、実在するものにはそれぞれ固有の大きさがあるという考えは当たり前のことだが、幾何学者や哲学者はこの考えを受けいれるのがときには少々難しいようだ。アンリ・ポアンカレのような人物でさえ一九〇八年の著作『科学と方法』のなかに、その例をみせてくれる。いろいろな現実の空間とは無関係に、それ自体として存在する絶対空間という概念を説明するのに数ページを割いたのち、空間のすべての物の大きさが一夜にして千倍になったとすればどうなるか読者に想像をゆだねる。私たちの体、あらゆるモノ、目盛りがついた定規さえも同じ変化をこうむるので、誰も何も気づかないだろう、ポアンカレはそう結論する。うかつな結論で、豚肉加工品店にぶらさがっているソーセージが床に落ちてしまうではないかと、反論された(Poincaré 1908. Cornetz 1922 参照)。ソーセージの容積つまり重量は十億倍になるが、ソーセージをつるしている紐の強度はその断面積に比例して増大するので、百万倍にしかならないからだ。ポアンカレは、すでにガリレイが知っていたことを知らずにいたのだろうか。だが、たぶんポアンカレにとって、この仮定は無意味なものだったので、そこまで考えなかっただろう。「じつのところ、空間とは相対的なものなので、何もおこらなかったのであり、だからこそ、われわれは何も気づかなかったのである」(Poincaré 1908, p. 96-97. ポアンカレとエピステモロジーについてはBrenner 2003参照)。

大切な問いである。空間の現実そのものにふれる問いだからだ。量子力学の構築にともなって、ポアンカレの時代より複雑さはさらに増した。ピエール＝マクシム・シュールが一九四七年、『心理学ジャーナル』誌に、「現代の物理学」は、物理学の法則はどんなスケールでも同じだという幻想と決別したと述べているではないか(Schuhl 1947, p. 183)。シュールの言うスケールとは、原子物理学のスケールのことだが、昆虫が生きているのは量子の世界ではない。時間の不可逆性、対象と主体との区別、原因や実体の概念、そうしたものは古典力学にあてはまり、日常生活にみられるもので、あいかわらず有効である。

そんなわけで、微小ではあるが、あくまでもマクロの分野に属する現実に接近するのに、昆虫の世界に依拠することがいかに貴重であるかが分かる。それによってもたらされるフィクションを創りあげる可能性は、詩的な壮大さのほかに、さまざまなかたちの思考の展開をうみだし、私たちがいまの状態の百分の一、あるいは千分の一だったとすれば、私たちの世界はどのようなものだろうと、問いかけてやまない。

ロベール・デスノスのアリは、その独特な魅力はさておき、その大きさからしても、言語能力から

ジュラ紀前期の風景　Édouard Riou 画，Louis Figuier 1863 所収．
巨大トンボを捕獲する翼竜．

しても、いちばんありえない存在だ。もともと数ミリしかないものが十八メートルの大きさになるには、すでにアリとは思えないほど体の構造が変化しなければならない。彫刻家ルイーズ・ブルジョアが私たちの想像力にうったえた巨大なクモの像は、当然ながら実物とはまったく異なる素材でつくられた非常に頑丈な肢《あし》をもっている（コナダニと同様、クモも昆虫ではなくクモ綱に属する）。問題は素材と構造だけにとどまらない。解剖学とおなじくらい生理学がかかわってくる。体温をどのように一定に保つかということだけでも、大きさによって異なる。ルイス・キャロルは何も言っていないが、背丈が二十五センチになったアリスは、体の容積がそれに比例して縮小するのだから、寒さにふるえるはずだ。呼吸は、空気が出入りする面積と体の容積とに関係するので、これもまた変わってくる。石炭層から発掘された巨大トンボは、古生物学者たちに、ひとつの疑問をつきつけた。その巨大さ——あくまでも相対的なものではあるが——は、昆虫の気管系の呼吸器と相容れないように思えたからだ。地球物理学のデータと理論的模型から、この時代には空気中の酸素濃度が現在より高かったと想定されたことで、疑問は解消された（Dudley 1998 参照）。

パスカルの言う、コナダニのなかに存在する宇宙とは、私たちを悔悛にいざなうために、無限とは何かを語ろうとするもので、キリスト教弁証学のレトリックに属する。ガリヴァーが出会う小人や巨人にいたっては、著者スウィフトがスケールの問題に多少の感受性を有していたものの、物理学の法則とはまったく相容れない。

昆虫は、別の世界、法則が異なる世界に生きているという幻想は、同じ法則がはたらいていても、小さなスケールではその効果が異なるという事実からきている。法則の一貫性こそが、異質な現象をひきおこすのであり、奇想天外な印象の原因なのである。

第二章　コガネムシへの限りない愛

前述したイギリスの生物学者ホールデンは、ある日、神学者たちのグループと同席していたとき、創造にかんする研究から創造主の本性についてどんな結論がひきだせるか、と訊ねられた。「コガネムシへの限りない愛」、ホールデンはそう答えたという。このことを語ったジョージ・イヴリン・ハッチンソンは、それが本当の話かどうかはうけあっていないし、彼らの話し合いをめぐる状況についての他の具体的な説明もあたえていない（Hutchinson 1959, p. 146, note. 同様の叙述はハッチンソン自身も『生命とは何か？』で書いている。「創造主は、星々への情熱とともに、一方ではコガネムシへの情熱をもった方として現れるだろう」Haldane 1949. これはパスカル・タシーからの私信で教えられた）。もし、つくりばなしだったとしても、甲虫類《コウチユウ》の膨大な数に対する、生物学者の戸惑いをこめた驚嘆が表現されていることは確かだ。今日では、三十万から四十万種が知れていて、昆虫全体の四〇パーセントにあたる。キチン質化した前翅——鞘翅《さやばね》——が、飛翔するとき以外は、膜状の後翅を覆っているのがコガネムシの特徴で、ひとめでそれと分かる。くわえていえば、幼虫から成虫まで完全変態をする昆虫で、長いあいだ均一の種と考えられてきたことも、おどろくにあたらない。しかし、この群の内部構造は、他の昆虫にしてもそうだが、自明の理だったわけではなく、その概念の構築は方法論にもとづいた選択が重ねられた結果なのである。

分類の基本

「コガネムシ」という名はコウチュウ目（鞘翅《しょうし》目）に属するすべての昆虫にもちいられ、英語のBeetlesにあたるが、とはいえ、一般的にはコガネムシ科の昆虫のみを指している。コウチュウ目の観点からすれば、テントウムシもコガネムシだということになる。テントウムシ科は、コウチュウ目に含まれるからだ。コガネムシ科として考えると、テントウムシ科もコガネムシ科も、コウチュウ目の数々の科のうちに入る。ある生物を指ししめすということは、さまざまの群がはめこまれている概念上の構造のなかに、その生物を位置づけることである。昆虫もこの規則外にあるわけでなく、昆虫に疎く、イメージも言葉もわいてこない人には、テントウムシがひとつの科をなしていること、言いかえれば、生物の分類において、イネ科やヤシ科やイヌ科やネコ科と同等の位置を占めているという考えはしっくりこないものだが、昆虫学者のほうは――すべての博物学者と同じように――これらの連続的に重なりあう関係を、全体的な体系のなかに包み込んでゆく。それはまず界（動物界、植物界）からはじまり、つぎに門、綱《こう》、目《もく》、科、属、種、品種《レース》、変種と枝分かれして個体にいたる。実際、その体系は、ＲＥＣＯＦＧＲＩ（界門綱目科属種品種《レース》個の頭文字）やＲＥＯＦＧＥＶＩ（界門目科属種変種個の頭文字）といった便利な記憶法とともに、いまでは古くなってしまったようだ。界の区別は再検討に付された。アンブランシュマンはフィロムという語に置きかえられた〔両方とも日本語では《門》と訳されている〕。品種《レース》という語は批判されたが、それは単に政治的に利用されたというよりも、科学的な実体をともなっていないという理由によるものである。分類にはさらに、亜綱、上目、亜科といった中間的な範疇が導入された。亜科と属とのあいだにときには族という語が導入される。この語は混乱をまねきかねない。分類学では、族は、科（ファミリー）より下位の集団を指すが、人類学ではその逆だからである。そうなると、喜ぶべきことにせよ悲しむべきことにせよ、複雑化し膨れあがった現代の分類法と、かつての整然として落ち着きのある分類法とを比較してみたくなってくる。とはいえ、分類法の黄金時代をみつけるのはそう簡単ではないだろう。まず、十八世紀半ばから十九世紀半ばまで、科と目とはしばしば同次元の分類を指していた。また、中間的な部類がどんどん増えていったのは、最近の現象ではなく、一八〇九年、ラマルクはすでに嘆いていていた。

最近の博物学者たちは、ひとつの綱をいくつもの亜綱に分ける習慣をもちこみ、さらにこの発想を属にまで適用する人たちもいて、亜科ばかりか亜属まで生じた。まもなく、われわれの分類は、亜綱、亜目、亜科、亜属、亜種というぐあいにあらわされるようになるだろう。それは、学問上の無分別な濫用であり、リンネが範例をしめし、おしなべて受けいれられている分類法の体

系と簡潔さをだいなしにするものだ。（Lamarck［1809］1994, I, 1）

じつのところ、『動物哲学』の著者ラマルクがここで批判しているのは、分類の概念構造が柔軟すぎたことにほかならない。補足の段階を挿入することは、リンネの分類の簡潔さをだいなしにしたかもしれないが、そうすることで、リンネの分類によって築かれた構造の大枠は維持された。逆転できないこの序列は、それぞれの要素を頂点から底辺まで順々に並べてゆくといったたぐいの等級づけと混同されるべきではない。それは相互に重なりあう関係にもとづいていて、いわば、「いれこ型」の分類なのである。

奇怪なワニ

昆虫の場合は均質な集団として定義されてきたことがうかがえる。たとえば、アリストテレスの著作には、昆虫にはハエのように翅《はね》二枚のもの、ミツバチのように四枚のもの、コガネムシのように前翅が後翅をつつみこんでいるものがみえる。チョウ（パピオン）についてだが、その名は周知のようにギリシア語で「魂」を意味する「プシュケー」に由来し、アリストテレスは「青虫から発生する」と解説している（『動物誌』IV, 7）。そんなふうに、今日の昆虫学者が双翅《そうし》目、膜翅《まくし》目、鞘翅《しょうし》目、鱗翅《りんし》目などと呼んでいるものの区別がすでになされていた。そこに膨大な下位グループがつけくわえられていったのだから、これらの区分けは非常にしっかりしたものだったのだ。けれど、境界の問題にいたるとき、つまり、昆虫という概念をどこまで広げられるかという問題に直面するとき、こうした親しみぶかさは消えてしまう。昆虫（insecte）という語は、ラテン語の insectum、ギリシア語の entomon からきていて、昆虫学（entomologie）という用語にみることができるように、その語源は「切れ込み」（entaille）にある。つまり、体のくびれである。昆虫の語源は、部分に区切られた体という外観に由来するのだ。だが、その外的特徴は、現在「昆虫」と呼ばれるすべての動物に確かに共通しているものの、クモや、サソリや、ムカデ、さらにはある種のウジ虫にもあてはまる。十九世紀の終わりころから博物学者たちが「陸生節足動物」と呼んできた虫を、一般の人びとがいまでもふつう昆虫《アンセクト》と呼んでいるのはこのためだ。一見したところ、一般の人びとの昆虫の概念は、アリストテレスの概念にきわめて近い。といっても、このギリシアの哲学者は、血液がないと思われる動物や、部分に分かれているので切断されても生きつづける動物をまとめて、昆虫の範疇に含めてしまっていた（昆虫という概念の拡張については Daudin [1926-1927]b, vol.I 参照）。

昆虫の定義をくびれのある動物だとすると、きわめて広い範囲におよぶ。ところが、レオミュールにとっては、まだ狭すぎるらしく、一七三四年にあらわした『昆虫誌』の第一巻で、自分の研究は「きれこみのある」動物や、「体が小さい」ものに限られない、とわざわざ書いている。この言説の例として、「ワニは昆虫としては奇怪にみえるだろうが、その名をこの動物にあたえることにいささかのためらいも感じない」とまで言ってのけた（Réaumur 1734-1742, p. 58.『昆虫誌』は全六巻で、その刊行は一七四二年までかかる)。とはいえ、『昆虫誌』のつづきの箇処で、レオミュールはワニをとりあげていないし、ほかの爬虫類についても触れていない。だが、彼が研究対象をそこまで拡張できると考えたことはたしかに意義ぶかい。彼自身そのことをみとめていて、「形態的にみて、ふつうの四足動物にも、鳥類にも、魚類にも属さない動物」をすべて昆虫綱にいれても「かまわない」と言っている。分類にかんする現代の厳しい基準とは異なり、レオミュールはひとつの、または複数の下位グループからひっぱりだしてきて、ひとまとめにすることに抵抗を感じていなかった。そもそも、レオミュールは分類などさほど興味ある問題ではないことを隠していない。「これまでよく言ってきたが、昆虫史でとくに関心があるのは、昆虫の技量や才覚だ。」長らく未発表のままだった、ある論文にこう書いている。

アリのさまざまな種には、形態のうえでは、特筆できるような相違はみあたらない。したがって、あるアリの外見をよく知っていれば、他のあらゆる種のアリについてもかなりよく分かる。さまざまのアリを、その生活の仕方やそれぞれの異なる性質から、区別するほうがおうおうにしてより容易であり、より楽しめる。(Réaumur 1928, p. 14. 一七四二年頃に書かれながら長らく出版されなかったこの論考は、『昆虫誌』の第七巻になるはずだった。初版は一九二六年、アメリカの昆虫学者ウィーラーによる英訳として刊行された。ウィーラーは講義をおこなうためのフランス滞在時、科学アカデミー会長の資料を調査する許可を得ていた。会長ウージェーヌ・ルイ・ブーヴィエ(ルイ・ウージェーヌとも、ときおりはエミール・ルイとも）はシャルル・ペレスとともに一九二八年から二九年にかけてフランス語版を編集した。Réaumur 1926 および Réaumur 1928 を参照。d'Aguilar 2006, p. 54-56 と p. 196 も参照のこと）

あきらかに、レオミュールにとっては、多種多様の昆虫をその形態的描写をもとにして分類することは興味をそそられるものでもなければ、本質的なことでもなかった。行動の研究に執着していたからだ。彼の若いライバル、ビュフォンもこの点では同じで、一七四九年、四足動物を脚の形態から区別することにかんして、こう書いている。

博物学の解説書だけではなく、図表やそのほかのものにおいても、対象となる生物を仮説にもとづいてひとまとめにするよりも、その動物が通常生息する場所でくくったほうがよくはないだろうか。単蹄《たんてい》類のウマのつぎにもってくるのは、裂脚類ではあるが、実際にウマにしたがって歩くイヌにしたほうが、われわれにほとんど馴染みがなく、おそらく単蹄類だという以外にウマとは関わりのないシマウマにするよりはよくはないか。（Buffon 1749, t. I, p. 36）

逆に、分類学に対する蔑視――ここでは主観にのめりこんでいるので、ほとんど嫌悪だが――は、このフランスのふたりの博物学者を、スウェーデンの同僚リンネと対立させる。リンネにとっては、鉱物、植物、動物を描写し、命名し、分類することが、自然史の最大の目的のひとつだった。さらに注記しておきたいこととして、リンネの研究にはふたつの側面があり、相互に補完しあっているが、それぞれが別の行程をたどることになった。命名法と分類学である（Winsor 1976）。

いわゆるリンネの命名法は、リンネがしぶしぶ導入したものだった。彼は長いあいだ種の特徴の文章による命名に執着していた。だが、そんな長い名は不便であり、それぞれの種を、属（いくつもの種に共通している）とその種の特性との両方であらわす二命名法をもちいたほうが簡潔だ。たとえば、植物学では、シロクローバーは *Trifolium repens*、アカクローバーは、*Trifolium pratense* と命名される。同じように、動物学者にとって、シジュウカラ科は、シジュウカラ（*Parus major*）、ハシブトガラ（*Parus palustris*）などに分けられた。植物学者もまた、リンネが『植物の種』（一七五三）のなかであたえた名を植物の名称としている。あるいは、リンネの著作の出版後に、他の植物学者がリンネの規則にのっとって命名した名を採用している。動物学者も同じだが、彼らの出発点となっているのは、『自然の体系』の第十版（一七五八）である。この命名法は、昆虫学にとって、無数の研究対象を擁するだけに、きわめて有益だ。

分類学だが、植物については、生殖器官の形態と数にもとづく二十四の綱の体系よりなる。リンネがつくりあげた動物分類は、六つの区分からなる。四足動物、鳥類、両生類（爬虫類も含む）、魚類、昆虫、匍匐《ほふく》動物。ここでの匍匐動物は、私たちの日常的な慣習とはかなりかけ離れていて、イモムシ、ケムシのたぐいだけではなく、貝類やヒトデまでふくまれている。改訂版を出すたびに、リンネは修正を加えている。第四版では、クジラとイルカを両生類に入れているが、第十版では、哺乳綱のなかの胎生四足動物のうちにかぞえている。のちに節足動物に入れられるすべての動物を、昆虫と呼んでいたのも、おどろくにあたらない。昆虫は七つの目《もく》に分けられていて、今日その名は、アマチュアや初心者でも、昆虫に関心のある人ならだれでも知っている。そこに見られるのは、すでにのべた鞘翅目（コガネムシなど）、半翅目（ナンキンムシも含まれる）、チョウとして知られている鱗翅目。双翅目（ハエ、カ）と膜翅目（スズメバチ、アリ、ミツバチ）は翅が一対か二対かで分けられた。脈翅目に分類されていたのは、いまでもこのグループに属するウスバカゲロウなどのほかに、現在は蜻蛉目《セイレイ》（トンボ）に属する昆虫も入れられていた。リンネはまた、無翅類（つまり翅を持たないもの）のなかに、今日でも昆虫とみなされているノミやシラミばかりでなく、クモやダニ、さらに現在は甲殻類と呼ばれるすべての動物を含めていた（Linné [1744]1758, p. 337-352.『自然の体系』の第四版〔一七四四〕の再刷は、同書の第十版と同じ一七五八年に出された）。

ある意味では、十八世紀半ばからの昆虫という概念の歴史とは、昆虫とみなされていた動物を徐々に除外して、狭めてゆき、ついに、外骨格にまもられ、頭部、胸部、腹部があり、三対の脚、二対の翅（翅が消失したものも含む）、一対の触角を有するものだけを指すようになった。除外されたのは、とくに、クモやムカデやワラジムシだ。

境界線の問題

フランス革命のまっただなか、パリでは昆虫にかんする論戦がさかんにくりひろげられた。その時代を専門とする歴史家の手で最近になって出版された当時の博物学会の会合の記録が、それを物語っている（Chappey 2009）。たとえば、共和暦三年花月二十一日（一七九五年五月十日）、ラトレイユは「口の形態をもとにして、新たに昆虫を分類するのは、容易であり、有意義だとする論考」をみつけた（Chappey *ibid.*, p. 258-259）。この分類法を提唱したのは、デンマークの昆虫学者ヨハン・クリスチャン・ファブリシウスだった。ラトレイユは、口の部分が似ていると、一般的に体の他の部分も似てくるという点にかんしては、ヨハン・クリスチャン・ファブリシウスに同意したが、この相関関係を控え目に考慮して、ひとつの基準だけで生物種を分類するという考えを受けいれず、自然分類という発想にくみした。そこで巻き起こったのは、「ワラジムシをどう分類するか」、甲殻類を一般的にどう分類するかについての議論である（Chappey, *ibid.* ワラジムシ類は今日では甲殻類等脚目に分類されている）。

この議論がおもいおこさせるのは、なにをもって昆虫とみなすかは、きわめてやっかいな境界線の問題とかかわってくることだ。

ラマルクは一七九三年から自然史博物館で「昆虫と匍匐動物」について講じていたが、一八〇〇年

（共和暦八年）、はじめて、「脊椎のない動物」、つまり「無脊椎動物」という名称をもちいた。開講の講義は翌年出版され、彼はこう言っていた。

甲殻綱、つまり脊椎のない動物の二番目の綱は、現在まで昆虫といっしょくたにされてきた。昆虫のように肢や、関節のある触角を有するからだ。私の考えでは、これらの動物は、軟体動物のすぐ下にくるべきもので、ほんとうに昆虫の名にあたいする動物ともはや一緒にすべきではない。〈Lamarck 1801, p. 36. ラマルクの著作はオンラインで調べられる。〈http://www.lamarck.cnrs.fr/〉ラマルクと昆虫については、Brémond et Lessertisseur 1973 参照〉

結局、カニ、ウミザリガニ、ロブスター、小エビ、ザリガニ、さらには、ミジンコやワラジムシをも含む、多種多様な動物がひとくくりにされたのであった。しかし、曼脚類《まんきゃく》（フジツボやエボシガイ）は除外された。それらが甲殻類にくみこまれるのは、十九世紀になってからだ。だが、ラマルクがもうけたもっとも画期的な区別は、昆虫とクモ類の区別だった。クモ類は今日べつの綱を形成していて（クモの分類については、Canard 2008 および Rollard et Tardieu 2011 を参照）、そこには、ザトウムシ（またはメクラグモ）や、ダニや、サソリが含まれる。しかし、現在のクモ綱とちがって、ラマルクはムカデまでそのなかに入れていた。ラマルクは昆虫を、三対の肢といった形態的な観点と、成長の過程での完全変態、不完全変態といった生理学的観点から特徴づけていた。

こういった分類の修正は、恣意的な印象をあたえるかもしれないが、ラマルク自身、綱、目、科、属、種といったものは「われわれがつくりあげた手段」であって、欠かせないものではあるが、「適切な原則」にしたがって、「ほどほどに使用しなければならない」と考えていた（Lamarck [1809] 1994, p. 21）。ラマルクはついでに、動物を分類するには、動物学は比較解剖学の見識をとりいれなければならないことを認めている。この点では、ラマルクは口にだして言わなくても、キュヴィエと考えを同じくしていたのであり、両者の見解の共通性は、このテーマの重要性をうきぼりにする。そしてまた、科学史家チャールズ・C・ギリスピーが主張しているように、パリの自然史博物館の学者たちは、一八〇〇年から一八三〇年にかけて、「研究のプログラム」を有する正真正銘の「科学者コミュニティ」を形成していたとする説を裏づけるものでもある（Gillispie 1997）。このアメリカの科学史家は意図的に古めかしい表現をつかっていて、そのこと自体、十九世紀初頭のパリの科学界の活力と、扱われていた問題の理論的重要性を物語っている（当時の論争については、Daudin [1926-1927]a と [1926-1927]b, Appel 1987, Corsi 2001, Schmidt 2004, Druin 2008 参照）。

自然分類法

さまざまな争点のなかで、自然分類体系を確立することは中心的課題だった。ピエール＝アンドレ・ラトレイユが一八一〇年に出版した『甲殻類、クモ類、昆虫類にかんする自然体系についての全般的考察』の核心をなしているのもこれだ。この本はキュヴィエに捧げるかたちをとっているが、ラマルクへの友情を表現することを忘れていない（Latreille 1810, p. 7-8 と p. 21. ラトレイユについては、Dupuis 1974 と Burkhardt 1973 参照）。ラマルクと同じように、ラトレイユはクモ類をひとつの綱にしていて、ラマルクとおなじように、そのなかに「ムカデ類」を入れている。また、ラマルクと同じように、綱を亜綱に分け、目を亜目に、属を亜属に分けて、分類を細分化する当時の研究者たちを批判していた。自然分類体系の構築については、ラトレイユはこう要約している。「研究対象の明確な特徴にかんしては、すべてにわたって考慮される」（Latreille, *ibid.*, p. 12）。この原則は、彼がファブリシウスの研究をふまえて、はやくも一七九五年に批判していたように、口の形態のみを基準にすると、それ以外にまったく類似性のない動物を「同じ目、同じ属に入れることになってしまう」（Chappey, *ibid.*, p. 258-259）。キュヴィエをつきうごかしていたのも同じ信念で、ナポレオン一世から博物学の進歩の状況について報告するよう命をうけ、昆虫の分類について語った。まず、変態の特徴をもとにしたオランダの博物学者ヤン・スワメルダム（一六三七―一六八〇）の分類についてふれ、つぎに、翅の数と組織にもとづくリンネの分類、そして、ファブリシウスの「咀嚼《そしゃく》器官」に依拠した分類について語り、キュヴィエはこう結論する。「自然なものにいたるには、この三種の特徴をかさねあわせなければならないといったところが、真実でしょう」（Cuvier [1810] 1989）。だが、それで自然の体系に近づくことができたとしても、分類はあくまでも知的構築だ。分類学者の夢は、完璧な意味での自然分類体系、その自然さが、人為的な性格をしのぐような体系である。少なくとも、自然さには、

ヤンマ（アエシナ・マクラティシマ）の変態　Émile Blanchard 1877 より
完全変態か不完全変態かは，昆虫の分類基準のひとつとなった．

学問的合意を要する。ひとつ簡単な例をあげてみよう。タンポポの花は黄色で、チシャの花は青いが、通常どちらの花も小さな舌状花があつまった集合花と呼ばれている。これに対して黄色いキンポウゲは単一の花である。植物学者が、植物を分類するのにタンポポをキンポウゲといっしょにするより、チシャのグループといっしょにするのは容易に納得できる。つまり花の色彩よりもその構造を重視するほうが「自然」なのだ。そんなふうにして、すべての研究者に知られている六種類ほどの科（イネ科、キク科、セリ科、マメ科など）の特徴のそれぞれの重要度をみさだめ、それをモデルにして、他の数十の科を設定し、そのなかに他の花を分類することが可能になる。アントワーヌ＝ローラン・ド・ジュシューが『植物の属』（一七八九）で採用したのはこの手法であり、キュヴィエはこの自然法の実施を賞賛している。キュヴィエが同時に主張するところでは、植物より、動物のほうが類似性が「より目だっていて、その根拠はより容易にみつけることができる」ので、自然分類法は、植物学においてと同じように動物学においても説得力をもってしかるべきだ（Cuvier, *ibid*）。この点で、動物学の発展、とくに昆虫学の発展は、キュヴィエを勝利させるはずであったが、この勝利とともにおとずれたのは、博物学者たちの学問の激変で、キュヴィエがしがみついていた種の不変性という考えそのものに疑問が投げかけられたのだった。この激変を表現するのに、革命という語をもちいてもおおげさではないだろう。それは、ダーウィン革命であり、生物の分類のありかたを根底から変化させたのであった（Drouin 1998-1999）。

ダーウィンと変異する子孫

『種の起源』第三章で、基本的なことは言いつくされている。生物の分類は恣意的なものでもなければ——たとえば星を星座にまとめるように——、ひとつのグループに属するすべての生物が、たとえば、水中、地上といったような同じ生活様式で特徴づけられるかのような、単純な意味をもつものでもない、ダーウィンはそう語る。分類にはどんな意味があるのかという質問に対して、博物学者によっては、似通っている生物をまとめ、異なる種を切りはなすための体系だという人たちもいるし、あるいは、生物についての記述を簡素化するためだとする人たちもいる。たとえば、イヌについて記述するには、すべての哺乳類に共通する特徴をあらわす項目に、肉食獣に共通するもうひとつの項目をつけくわえ、さらにイヌを区別する特徴をつけくわえればよい。このたぐいの答えはダーウィンには満足のゆくものではなく、こう指摘する。

この分類体系が有用で創意性に富んでいることは疑いない。しかし、博物学者の多くは、自然体系にはさらに何かの意味があると考えていて、それは創造主の計画からくるものと信じている。けれど、「創造主の計画」とはなんであるかを明示しないかぎり、時間的なものであれ、空間的なものであれ、他のものであれ、それによって、われわれの知識に付け加えられるものは、なにひとつないように思われる。

ダーウィンの言い分をべつの言葉でいいあらわせば、論理的分析は不十分で、神学的な回答は不毛なので、分類の意味は、博物学者たちが考えることのなかにではなく、分類を構築する基準のなかにみいだすべきなのだ。

たとえば、生物の特徴にしたがって属が形成されるのではなく、属が特徴をあたえるというリンネの基準は、分類にはたんなる類似以上の何かがふくまれていることをあらわしている（Darwin 1859. ダーウィンはこの基準の出処を明らかにしていないが、Linné [1751]1966 に見つかる）。それ以上の何か、その隠れた繫がり、ダーウィンはそこに系統のうえでの近接性をみることを提唱する（ダーウィンは数ページ先でリンネの基準に話をもどし、分類においては、「ちょっとした重要でない類似の数々が決定的な」役割を演じると言っている）。

この基準はもっとも博物学者がずっと以前から採用していたものだ。相互にきわめて形態が異なるオスとメス、幼虫と成虫を同じ種に分類してきたではないか（Darwin 1859）。ダーウィンは、分類法の主要な規範を検討して、博物学者たちが自分たちの研究を規定するさまざまな原則をつうじて無意識のうちに探しもとめていたのは、共通の祖先という繋がりだ、とまで言い切った。彼らがその分類において、器官の痕跡、つまり生理的な有用性を失った残存器官を非常に重視しているのはこのためだ、ダーウィンはそう説明する。「器官の痕跡は、発音のうえでは無用だが、言葉の綴りに保存されていて、その語が派生したもとをたどる指標になる文字になぞらえることができるだろう。」

昆虫学はダーウィンに重要な実例を提供した。風が吹きつける小さな島では、自然選択により、鞘翅目（テントウムシなど）の翅は小さくなり、痕跡的なものになった。こうした環境では、鞘翅目の昆虫は風で海に吹き飛ばされる危険にさらされているので、飛べないほうが得なのだ。ダーウィンはここではウォラストンがマディラ島でおこなった研究に依拠している（ダーウィンと昆虫学についてはCarton 2011 参照）。

そんなふうにダーウィンにとっては、生物の分類は、それが系統を表現しているという点で、ただの人為的なモノの分類とは異なっていた。こうした原理は、それまで博物学者自身に知られてはいなかったが、その方法論に暗黙のうちに内包されていた。

方法論の革命

ダーウィンがもたらした激変はなによりもまず分類学というものをどう解釈するかという点であり、分類のための日常的行為に影響をあたえたわけではない。これに対して、分類学の方法論に決定的な断絶をもたらす契機となったのは、二十世紀後半、ドイツの昆虫学者ヴィリー・ヘニッヒが提唱した「系統分類学」――「分岐学」とも呼ばれる――であり、それは動植物全体に拡大してゆく（分岐学についてのエピステモロジックな考察のためには、Lecointre et Le Gyader〔2001〕の序文のほかに、Pascal Tassy, L'Arbre a remonter le temps〔1991〕や、Cahiers des Naturalistes〔Dupuis 1992〕所収のデュピュイの論文も参照。Grimaldi 2001も参照）。

系統分類学とは何かを知るには、よくある混同を払拭しなければならない。実際、分類をおこなう人たちは、二十世紀後半、そのあり方を根底から変える二つの新しい要素に遭遇した。ひとつは分岐学、もうひとつは分子的特徴の考慮である。じつのところ、このふたつの革新はしばしば相関関係にあるが、概念的に異なっている。たとえば、分岐学の妥当性に懐疑的な分類学者が分子的特徴を考慮に入れることもある。逆に、分岐学の論理が、分子的分析に適さない対象にもちいられることもある。たとえば化石。クロード・レヴィ＝ストロースが、ギヨーム・ルコアントルとエルヴェ・ル・ギヤデール共著の『生物の系統分類』と題した著作についての読書メモで強調しているのは、この点に関してである。

創始者ヴィリー・ヘニッヒの研究以後、生命科学における分岐学の立場は、形態学と分子生物学との協力（あるいは、たぶん競合）が不可避的となったことで複雑化した。生物のより深いレベルに基礎をおいているので、分子生物学はますます重要性を増し、真の系統分類のカギをにぎっているのは、結局のところ分子生物学ではないかと思われるほどだ。とはいえ、それもまた単純な答えをあたえるものではない。形態学と同じように、分子生物学も系統樹のさまざまの可能性のなかから選択しなければならないのである。（Lévi-Strauss 2002）

分岐学という語——ギリシア語の Klados（枝）に由来——は、系統樹という隠喩《メタファー》につながる。だが、枝分かれした樹木の図を使用したのは、分岐学者だけではない。分岐学者が他と異なるのは、その構造をかたちづくる基準においてだ。詳細には立ち入らないが、「系統分類学」と題したヴィリー・ヘニッヒの論文を参照すれば、その主要な基準が把握できる。昆虫学誌に一九六五年に英語で掲載され、一九八七年フランス語訳で再発表されたものである（Hennig［1965］1987）。

中心となる点は、「類似という概念をさまざまなカテゴリーに分別すること」である。この分別は、相似という概念を導入することで成り立つ。相似とは、二種の生物が類似した環境に適応することから生じる類似性をもっていても、同じ系統に属するわけではないことをしめす。たとえば、クジラと魚類を、外形をもとにして接近させようとしても、多系統群、つまり、さまざまな祖先に由来する集団に行きつくだけだ。ヘニッヒはこの例はあげていない。というのも、魚類とクジラをひとつにできる概念を論じるのに時間をつぶすような自然科学者はひとりもいないし、類似性の境界を明確にするほうが大切だったからだ。ヘニッヒは言う。けれど、「相似を除外したとしても」、類似性は単系統――つまり単一の祖先をもつもの――をしめすとは限らない。だが、単系統こそ系統分類の基本をなす。そこで、ヘニッヒは、ある形質の最初の状態をあらわすのに、原始形質という概念を導入し、こう説明する。

それは、いくつもの分化の過程を経ても変化せずにとどまっている形質が存在するという事実からくる。そこから言えることとして、共通する原始形質《プレジオモルフ》をそのまま所有しているからといって、その所有者たちが近縁関係にあるという証拠にはならない。

ある形質の最初の状態をあらわすのに「原始形質」（プレジオモルフ）という語をえらんだ後、ヘニッヒはその同じ形質から派生したものを「派生形質」（アポモルフ）と名づけた。派生した状態を共有することにもとづく類似性は、密接な近縁性のしるしだ。逆に、原始形質のみを共有する生物をひとつのグループにまとめると、側系統群《パラフィリ》、つまり、祖先となる種と、その子孫の一部のみを含む群となる。

ヘニッヒはこの考え方を、有翅亜綱《ゆうしあこう》と無翅亜綱《むしあこう》とに分けられていた昆虫綱にあてはめた。無翅亜綱には、最近にいたるまで、翅をもたず、その祖先も翅をもたなかったとかんがえられる、すべての昆虫がふくまれていた。有翅亜綱のほうには、チョウ、コガネムシ、テントウムシ、ゴキブリ、バッタ、トンボ、ミツバチ、スズメバチ、ハエ、カ、ナンキンムシなど、つまり、翅を有するすべての昆虫が分類されていて、交尾のときだけ翅が生えるものや――アリがそうだ――、その祖先には翅があったと考えられるノミやシラミもふくまれていた。

重要な問題点は、この二つの亜綱のうち、無翅亜綱は側系統群であるという点だ。

これらすべての無翅類は（……）の唯一の共通の祖先は、有翅類の共通の祖先でもあった。無翅類の歴史のはじまりは、このグループの個々の種の歴史ではなく、すべての昆虫の歴史であり、最初の昆虫は形態類型的には無翅類であった。

ヘニッヒの分析が正しかったことは、この分野の進歩によって証明されたのだが、それは、最近発表された『自然史博物館の友報告書』にのったトビムシ目にかんする論文がしめしている。執筆者ジャン゠マルク・ティボーは、かつての無翅亜綱は、翅が無いという共通の原始形質を基準にしていたと強調する。さらに、六つの肢を有する虫、六脚類は、現在では、口の位置によって分類されると、彼はつけくわえる。厳密な意味での昆虫は、口が頭部の外側についている。その昆虫のなかには、かつて有翅類とよばれたものも含まれ、シミ目もこれに入る（トビムシ目については、Thibaud 2010 を参照。シミ目は一般には知られていない。しかし、*Lepisma saccharina* つまりセイヨウシミは昔はわれわれの家の親しい客であった）。

そんなふうに、昆虫とは、レオミュール（一七三四）にとっては、ワニまでふくむもので、リンネにあっては節足動物とほとんど一緒にされていて、ラマルクがそこからクモ類を除外した。そして、ラトレイユは自然分類体系に細分化し、昆虫は今日なお多様性をひろげている。

まだ存在しなかったとき、昆虫は何であったのか？

ずっと前から論理学者のあいだで通用している法則によれば、ある概念のひろがりと、その意味内容――わかりやすく言えば、その概念にあてはまる実在や、その概念を特徴づける性質――は、相反する方向に変化する。つまり、定義が詳細になればなるほど、その定義にあてはまるものは少なくなる。ここでは、まさに古典的分類学にその法則をみることができる。

昆虫綱が長いあいだ、無翅亜綱（翅のない昆虫）と有翅亜綱（翅のある昆虫）という二つの亜綱に分けられていたことを念頭におけば、有翅亜綱の定義は、昆虫の定義よりひとつ多い特徴をふくみ――有翅亜綱には翅という要素がくわわるので――、その定義にあてはまるものはより少なくなる。しかし、それは、翅の不在も、翅の存在と同様、ひとつの特徴とみなすことを前提としていた。

さてこんどは分岐学の観点にたつとすれば、内包と外延という逆の相関関係をどのようにみることができるだろうか。たとえば翅があることとは、論理的意味では、ポジティヴな性格で、翅がないことはネガティヴな性格であり、ネガティヴな性格は考慮に入れないという分岐学者の見解をふまえれば、翅の有無を分類の要素にするのはむずかしいように思える。とはいえ、分岐分類学者がネガティヴな性格を除外することは、ネガティヴな性格の肯定とホジティヴな性格の否定は、つねに区別しうるものであることを前提とする。

もうひとつの難題は、古い昆虫学の書物に目をとおすときにでてくる。そこから抜けだすには、かつて昆虫とみなされていたが、今日ではたんなる陸生節足動物とみなされている動物について語るとき、たくみに言葉をあやつらなければならない。たとえば、一八〇〇年以前のクモ類にかんする研究についてどう語ればよいだろうか。当時クモは昆虫に属していたが、それは間違いであり、昆虫にかんする認識が深まったことにより訂正されたと指摘すべきか。逆に、昆虫とは、時代ごとに昆虫と定義されていたものにほかならないと言うべきか。前者の場合は、現在の知識を絶対的基準にしてしまいかねない。後者のほうにすると、どの分類法もそれぞれ価値があり、したがってどれも任意的だといった相対主義におちいってしまうだろう。ならば、「もし昆虫というものを、こうこう定義するならば、その生物は昆虫だ、あるいは、昆虫でない」というふうに、分類基準を条件法であらわす概念にしてはどうだろうか。そうすれば、ほかの分類法よりも適切な分類法の可能性はつねに開かれている。

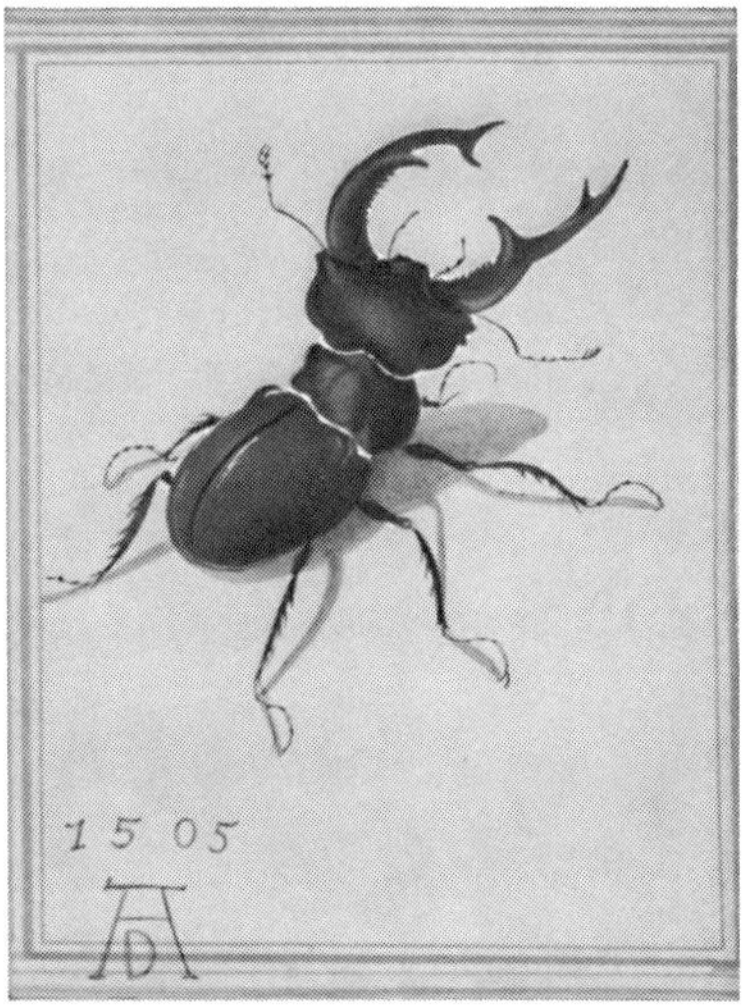

クワガタムシ　Albrecht Dürer, 1505

これらさまざまな難題は、昆虫は自然の存在でありながら文化というフィルターをとおしてとらえられることからくる。自然の存在なので、私たちの手におえず、嫌悪の念や病気をひきおこすものもあれば、はっとするほどの美しさをみせるものもあり、恐るべき繁殖力や付きまとわれる不快感は無視することができない。昆虫は同時に文化というフィルターを通してうけとめられてきたことは、昆虫学者が、定義し、見分け、描写し、命名し、分類し、境界線を引く仕方がじつに多種多様であり、さらに文学や造形美術はそれ以上のイメージをつくりあげてきたことにもあらわれている。

そこでは、科学の歴史が芸術の歴史に合流する。すでに一五〇五年、画家アルブレヒト・デューラーは、カブトムシ（またはクワガタ）を写実的に描いてみせたことで知られている（Cambefort 2010, p. 12-16 参照）。といっても、こうした昆虫の描写の例は、十七世紀以前には比較的まれだ。そこで、興味をひくのは、昆虫学者コレット・ビッシュが最近おこなった十四世紀イタリアの写本に見る彩色挿絵にかんする研究である（Colette Bitsch 2013 参照）。昆虫学における芸術と科学については、これも

Cambefort 2004 参照）。それらの彩色挿絵は、豪商コカレッツリ家の依頼をうけた、無名の画家の手になるものだが、芸術家の正真正銘の観察眼をうかがわせる、きわめて正確なもので、何を描いたものかが容易にわかる。美的な質の高さに加えて、形態の精密さは、往時の昆虫学者がもっていた知識の深さを、現代の昆虫学者にしめすものである。

第三章　昆虫学者の視線

邸宅の中庭で、マルハナバチが鉢植えのランに近づいていて、初老の男爵と若い仕立屋とが媚態と誘惑の遊戯にふけっている。語り手は鎧戸の陰に身をひそめて、花と昆虫を観察するように、こっそり彼らを見守っている。これは、『失われた時を求めて』の「ソドムとゴモラ」の冒頭の場面である。少し先で、プルーストは花の受精にかんするダーウィンの研究に依拠して、男爵の振る舞いを、花粉をはこぶ昆虫を引き寄せる頭状花の花冠になぞらえる（自然科学者のようなこの暗示において、プルーストの作品でシーニュが果たす重要な役割については、ジル・ドゥルーズが示している。Deleuze［1964］1974参照）。それと同じ箇処で、バルベックの海でクラゲを見たときには怖気づいたのに、ミシュレによる記述を読んでから興味をいだいたことに、語り手自身おどろいている（そこに著者名以外の記述はないが、プルーストの典拠がミシュレの『海』第二巻第六章であることは想像できる）。『失われた時を求めて』にみる自然誌の記述は、ごくわずかなものではあるが、一部の批評家が目にとめずにはおかなかった。たとえば、文芸評論家アンリ・マシスは、一九二四年、アンドレ・ジッドの「非道徳性」

——伝統的価値の名において——を批判し、その対極をいくものとして、「俗悪な行為を、昆虫の習性を前にした昆虫学者にも匹敵する客観性をもって分析する」プルーストをあげている（Massis 1924, p. 61）。こうした類比は、「昆虫学者の視線」という表現にもこめられているが、ごくふつうの言い回しとおもえるほど、頻繁につかわれる。たとえば、哲学者アンリ・グイエは、ルソーの出版者ポール・ムルトゥーが、ヴォルテールに対抗してルソーを擁護したことをとりあげ、こうつけくわえる。「この偉人が自分の若い論敵に対して昆虫学者の視線をむけるさまが目にうかぶ。」（Gouhier 1963, p. 185）ここで語られる昆虫学は、驚きをふくんだ冷たさに帰着されるが、しばしば観察における正確さと厳密さという、それ以上の意味あいがこめられる（Laurent Pelozuelo 2008 参照）。一例をあげれば、二〇〇九年九月二十五日付の『ラ・リーブル・ベルジック』紙には、バルザックは『毬打つ猫の店』のなかで昆虫学者の視線をそそいでいると書かれていた。このタイプの表現は、かなり普及していて、社会風景の描写にたけている映画監督クロード・シャブロルを称えるテレビ番組に「昆虫学者クロード・シャブロル」というタイトルがつけられるほどだ。ときには、その視線の特質をあらわすのに、「残酷な昆虫学者」だの、「憐れみぶかい昆虫学者」だのという形容詞が添えられる。

作家と昆虫学者

こうした類比はなぜなされるのか。昆虫学者の作家はさほど多くはないが、たしかに存在する。十九世紀初頭のシャルル・ノディエの幻想的作品（とくに『パン屑の妖精』）はいまでも楽しく読めるが、この作家はフランス昆虫学会の会員だった（Nodier［1832］1982. 昆虫学者ノディエにかんしては、Magnin 1911 参照）。つぎの世紀、『ロリータ』（一九五五）の著者として名高い、ロシア出身のアメリカの作家ウラジミール・ナボコフは、『アーダ』（一九六九）で兄と妹との熱烈な愛をえがいている。『アーダ』のなかには昆虫学からの借用が多々みとめられるが、この作家は昆虫学者でもあり、一九四二年から一九四八年までハーバード大学比較動物学博物館でチョウの標本を担当していたことを考えあわせると、おどろくほどのことではない。といっても、昆虫学の研究家としての彼の行為のなかに、規範に逆らう作家の精神をさがすのは無駄だろう。ハーバード大学教授だったスティーヴン・ジェイ・グールドがとくと説明しているように、ナボコフは類似した種を識別し、分類するほどの昆虫学の知識を有していたものの、斬新な解釈を提起したわけではない。ナボコフの科学研究にも、文学作品にもみとめられるのは、「詳細と正確さに対する愛着」だった（Stephan Jay Gould 2002）。これとはまったく異なる社会的背景において、ドイツの作家思想家、エルンスト・ユンガーの昆虫学についての素養は、その戦争賛美やナショナリズム志向にくらべれば、さほどのものではないが、それでも文学的名声を高めるのに役立った（Junger 1967）。

こうした特殊なケースをのぞけば、作家について語るとき、昆虫学をひきあいにだすと、人間以外の生きものを観察する目で人間を観察する作家をおもわせる。この類比は理解できるが、比較の対象となるのがなぜいつも昆虫なのか、たとえば、あの作家の視線は鳥類学者だ、微生物学者だ……と言われないのはなぜか。その答えの要素のひとつは、ジャン＝アンリ・ファーブルが一八七九年―一九〇七年に出版した『昆虫記』が人気を博したことであるのはまちがいないだろう。ファーブルはかなりの紙面をさいて、昆虫を観察したり、描写したりしている自分のこと、田舎育ちの子が若い小学校教員、高校教師になり、不運な発明家を経て、ついに著作権料で家族を養う独立科学者になる自分のことを語っている（ファーブルの生涯にかんしては、Revel 1951, Delange et al. 2003, Cambefort 1999, Tort 2002. レオン・デュフールとファーブルの書簡は、Duris 1991. 出版者シャルル・ドラグラーヴとの書簡にかんしては、Cambefort 2002 参照）。実体験の逸話や自分の考えたことが綴られている箇処と、昆虫学的な観察や描写とが混在している。発見の経緯を語るページがつづくこともある（「発見の語り」という言葉については、Carroy et Richard 1998 参照）。たとえば、オオクジャクヤママユの求愛行為について書いているくだりがそうだ。自分の研究室でオオクジャクヤママユのメスがサナギから脱皮した。

さて、五月六日（一八九一年）の朝、私の目の前で、研究室の卓上のメスガがサナギを破った。羽化したばかりの湿ったメスガを、私はすぐに釣鐘型の金網に閉じ込めた。といっても、それからどうしようという考えがあったわけではない。おこりうることに注意を怠らない、観察者の習慣でそうしただけだ。（第七巻二十三章）

ファーブルはつづけて語る。その日の夜九時ごろ、「鳥みたいに大きな」ガがいっぱい家に入って

ミノタウロスセンチコガネ（フンチュウ）のオスとメス．フンチュウの巣を掘る．
ジャン＝アンリ・ファーブル『昆虫記』，1907 年．家族で昆虫研究をする様子．

きたよ、子どものひとりが足を踏みならしながら叫んだ。ファーブルは大急ぎでかけつけて、金網に閉じ込めたメスのせいだと気づく。ここで問いが出てくる。これら「押し寄せた四十匹の求愛者たち」はどのようにして「適齢期」のメスの存在を知ったのか。光か、音か、においか。光だとすれば、このガが「壁ごしに見とおすオオヤマネコのような眼」をしていることになる。音ではあるまい。この昆虫は音を発していない。ところが、密閉した箱にメスを閉じ込めると、オスの来襲は止まることが分かり、ファーブルは「われわれがにおいと呼んでいるものに似た、きわめて微細な何かが発散され、われわれにはまったく感知できないが、人間よりはるかに鋭い嗅覚を刺激するのではないか」と考える。アメリカの歴史学者フランク・エガートンによれば（Egerton 2013, p. 46-47）、この微小なにおいの作用は十七世紀イングランドの博物学者ジョン・レイがすでに指摘していて、一九三〇年代に生物学者ベーテが「エクトホルモン」の名のもとで研究していたのと同じものであり、一九五九年、生化学者ペーター・カールソンおよび昆虫学者マルティン・リュッシャーが「フェロモン」と名づけた（Karlson et Luscher 1959. フェロモンの歴史と概念にかんしては、Pain 1988 と Dupont 2002 参照）。フェロモンという概念は昆虫学をはるかにこえて普及したが、のちになって考えると、家じゅうに大騒動をまきおこしたガの誘引の場面は、とくに興味を喚起する。科学的観察が、ここでは文学的描写にかさねられている。

少なくともフランスではやや忘れられているが、ファーブルの評判は二十世紀初頭には多大なものだった。

ここでもまたプルーストの証言は貴重だ。自分の作品に理解をしめさない社交界の女のことを嘆くプルーストに対して、ジャン・コクトーは答えた。「あなたは昆虫に対してファーブルを読めと言うおつもりですか」(Cocteau 1963)。『失われた時を求めて』に登場する女中頭フランソワーズにみるように、昆虫との類比は貴族の界隈にとどまらない。彼女は自分の子どもたちにはどこまでも献身的だが、同時に小間使いに対しては信じがたいほど冷酷にふるまう。プルーストは彼女を膜翅目の昆虫になぞらえる。

(……)あのファーブルが観察したところによると、膜翅目の昆虫ジガバチは親が死んでも子供たちが新鮮な肉を食べられるよう、おのが残忍さに解剖学まで援用し、驚くべき狡知と学識を発揮しては、ゾウムシやクモをつかまえて脚の動きをつかさどる神経中枢だけを刺し殺し、ほかの生命維持機能は残しておく。そして動けなくなった虫のそばに卵を産みつけ、幼虫が孵るとありつけるのは、従順で、危害をくわえず、逃げたり抵抗したりできない、それでいてすこしも腐敗していない獲物だという寸法である。

プルーストがファーブルを読んでいたのは一目瞭然、さまざまの属の狩りバチはすべて膜翅目に分類されていることもプルーストは知っていた。プロヴァンス地方の博物学者の記述をパリの作家がうけつぐことで、素朴さが失われるかわりに情感が豊かになったのではないかと考える人もいるかもしれない。『昆虫記』を読むと、そんな推測はくつがえされる。ファーブルはまだかけだしの昆虫学者だったころ、レオン・デュフールの論文を読んでいて、この先達のおかげで、タマムシツチスガリの子育ての行動を発見していた（昆虫学者デュフールについては、Duris et Diaz 1987 および Duris 1991 参照）。『昆虫記』の第一巻五章「頭脳派の殺し屋」、七章「短剣三つき」、幼虫を「新鮮な肉を好む鬼」と称していること（五章）、あるいは、「まもなく殺害の体勢に入る」といった表現、これだけを見ても、ファーブルが情感に訴える文体をためらわなかったことが分かる。こうしたレトリックは、幅ひろい読者を得るための技巧とみなせるかもしれない。だが、とすれば、一八五五年、科学者むけの雑誌『博物学年報』にファーブルが発表した論文「ツチスガリの行動、および、その幼虫の餌となる鞘翅目の昆虫が長期にわたって保存される理由」にも、やや控えめではあるが、同様のレトリックを目にしておどろかされるだろう。ファーブルの観察によれば、ツチスガリは自然の坑道となるような場所を選んで、土を掘る。「これら働きものの坑夫たちのさまざまな策略には驚嘆させられる。」「乱闘」はしじゅうおこる。ファーブルは捕食昆虫に獲物を提供するが、捕食昆虫は棲みかのまわりをしばらくうろついただけで、「口器」をつきつける「敬意」さえはらわずに飛んでいった。つぎのページには、「殺害者の腹部がゾウムシの腹のしたにのびていき、体を彎曲させて、毒剣をぐさっと二、三回突き刺す」とある。結局、われわれは「殺害者の恐るべき才能」に感銘をうけるのだ。科学的観察は、ここでは活劇小説の言葉で語られている。このタイプの借用は『昆虫記』にしばしばもちいられていて、「厳密な意味での」昆虫ばかりではなく、クモやサソリのような他の節足動物をも巻きぞえにしている。

活劇物語

ファーブルがマルハナバチや「その他の毒剣をもつ」ハチたちと戦わせることを思いついたのは、まさしくクモ、黒色の腹をしたタランチュラコモリグモ、またはナルボンヌコモリグモと呼ばれるもの。戦いは互角だが、最後はどちらかが死にいたる。

コモリグモの毒牙にハチは毒剣で対抗する。二匹の悪党のどちらが勝利するのか。殺《や》るか殺られるかだ。コモリグモには、第二の防御の手はない、縄で縛りあげることも、罠にかけることもできないのだ。（第二巻十一章）

ファーブルは節足動物どうしを戦わせる実験もやってのける。たとえば、タランチュラコモリグモと対決させられたのは、マルハナバチのなかでももっとも体の大きいもの（ニワマルハナバチや、ツチマルハナバチ）である。

ファーブルの介入は多くの場合、敵対者たちをつき合わせるだけだったが、ときにはそれ以上のこともした。たとえば、トガリハナバチ（オオハヤバチ）とカマキリを戦わせるために、この「カリウドの獲物」をとりあげて、「時をうつさず、かわりにほぼ同じ大きさのカマキリをあたえた」。ファーブル自身の言葉を借りれば、こうして「活劇を見物」したのだった。

ここではカマキリは捕食性バチの犠牲となるのだが、カマキリそのものが恐るべき捕食者だ。ファーブルがカマキリの交尾をえがいている箇処は、マルキ・ド・サドの小説も顔負けだろう。生物学者ピエール・ドゥズーは「ぞっとさせずにはおかない」残虐さと言っていた。レミ・ド・グールモンの『性愛』と題したエッセイ（一九〇三）や、文芸評論家ロジェ・カイヨワが一九三四年に書いた短い論考が、ファーブルの観察を利用していることはよく知られている（Douzou 1985, p. 101; Remy de Gourmont 1903; Caillois 1934 参照。Remy de Gourmont [1907] 1925-1931 も参照）。

ファーブルは、昆虫の体勢や動きをこのうえなく客観的に描写しているものの、そこにまったくもって主観的な解釈をつけくわえる。オスが「体格のよい伴侶の背中にとびのるさま」や、長々とした「前戯」を見さだめるのは容易だが、メスになげかける「熱い流し目」など、どうしてわかるのか。ともかくも、そこにある欲望は、命とりだ。ファーブルは、交尾がなされた日のうちに、または「遅くとも翌日には」、オスはメスによって食われると述べている。「そのメスと交尾する二匹目のオスがうける扱い」を知ろうとしたところ、二週間のうちに「同じメスが七匹のオスを貪った」。ファーブルはこう要約する。「メスはすべてのオスに身をゆだねるが、そのたびに婚交の陶酔を命でもって支払わせる。」

つぎに交尾の真最中にオスの頭をむさぼり食うメス――のちに脳病理学上の説明があたえられるが

——のケースにふれながら、ファーブルは自分の驚愕の思いをきわだたせるために、寛容をよそおう。

婚姻を遂行してしまい、もうなんの役にも立たない疲れきった小ものを食ってしまうことは、慈愛の情などほとんどない昆虫のことだから、ある程度までは理解できる。だが、性行為の最中に食らうとは、どんな残忍な夢想をもってしても思いおよばないものだ。（第五巻十九章）

近年の研究では、食われずにすむオスもいること、しかもカマキリは交尾以外でも共食いをしていることが強調されている（この問題にかんする最近の典拠は、Judson 2006 参照）。

残酷さではひけをとらないが、より内密なサソリの婚礼も、これと変わらないほどの驚異的な筆致でえがかれている。まず、愛の遊戯がくりひろげられ、互いにパートナーをさがし、カップルが形成される。ファーブルは指摘する。「すばらしい愛と素朴さ。口づけを発明したのはハトだといわれる。私はその先駆者を知っている。それは、サソリだ。」だが、恋の遊戯は悲劇に終わる。オスが「恐妻」に食われるのではないかと考えたファーブルはそれを見とどけようと、カップルがひきこもった巣にしるしをつけておいた。彼は戦慄をまじえて語る。「きのう、カップルがいつものごとく戯れたり、うろついたりした後、鉢のかけらの下に入っていくのを見た。そして、けさ、そのかけらをのぞいて見ると、花嫁がその伴侶を食っていた。」

遺伝学的に説明しうる現象の独自的発見か、特異な行為の普遍化か、さもなくば、熱中ゆえに脇道にそれた観察なのか（メスがかならずオスを捕食するのか、ルレンソは疑義を呈している。Lourenço 2008）。ともかくも、これらの記述は、『昆虫記』のなかでいちばんよく引用される箇処のひとつである（Siganos 1985を参照）。

風俗劇

ファーブルの昆虫のどれもが好戦的な殺し屋というわけでもなければ、オスを食っているわけでもなく、写実的な小説や風俗劇をおもわせる場面も多い。

コハナバチにかんする章にその一例をみることができる。コハナバチはセイヨウミツバチ（*Apis mellifera*）に匹敵するような集団はつくらず、個々の巣穴がひとまとまりになり、自分たちが生まれた巣穴のなかで、母親といっしょに棲んでいる（Frisch［1953］1969, p. 230-232; Chinery［1973］1976, p. 307-310; Villemant 2005参照）。「地中に十数個の巣穴がつくられていて（……）、したがって家族ごとに数十匹の姉妹たちがいる（……）。さて、同等の権利をもつ者のなかで、生きのこった者が棲みかを相続する。」コハナバチが母親の遺産の相続をめぐって争うあらゆる条件はそろっている。だが、それを律しているのは節度だ。「棲みかは共有のものであることが、抗争なしにうけいれられている。ハチの姉妹たちは同じ入り口から出入りし、自分の仕事にいそしみ、同じところを通るのをお互いに許しあっている。」他のハチたちを産んだ女王バチのほうは、巣穴の入り口で見張番をしている。フファーブルは力説する。

それこそが、巣穴の建設者、今の働きアリの母親で、そこにいる幼虫の祖母なのだ。三ヶ月前、若かったとき、母親は孤独な労苦で疲弊してしまい（……）。ふたたび子を産むことはもうできないので、そのメスバチは見張番となり、棲みかを家族にあけわたして、他所者から守っている。

（第八巻八章）

相続者たちは団結をまもるために協力し合い、祖母は家族の生活に寄与する、そんな生活の断面は、穏やかなしあわせを髣髴させる。これと変わらないくらい勤勉で、しかも動きの大きな光景をみせてくれるのが、フンチュウである。食糞性、とくに牛の糞を食べるコガネムシという呼び名が一般的だ。古代エジプトがその姿を不滅にしたヒジリタマオシコガネである。ファーブルは、食糧を「丸薬」のようなかたちにして運ぶヒジリタマオシコガネをえがいている。タマの製造と運搬はスムーズにはいかない。タマを少しずつおしてゆき、踏みはずさないよう注意をはらい、それだけでなく、「手伝うふうをよそおいながら、すきをねらって、別方向に運んでいこうと画策する」虫仲間に出会う危険に始終さらされているのだ。だから、ずうずうしい隣のやつにタマを盗まれてしまうこともある。そこで争いになると、ときにはそれに乗じて、もう一匹のドロボウが盗品を横取りすることもある！　ファーブルの頭にジョークがうかぶ。「『財産とは盗品である』という乱暴なパラドックスを、ヒジリタマオシコガネの習性にもちこんだプルードンはいったいどいつだ。」

ラ・フォンテーヌの寓話

詩そのものが忘れられていない。ファーブルは『昆虫記』のひとつの章で、ラ・フォンテーヌの『寓話』のなかでもっとも有名なものに属する「セミとアリ」をとりあげている（ラ・フォンテーヌの生涯と作品については Népote-Desmarres 1999 参照）。筋書きはイソップから借用していて、よく知られている。冬がおとずれ、「夏のあいだじゅう歌いつづけていた」セミには食糧のたくわえがまったくなかった。セミは食べものを少しばかり分けてもらえないかと一匹のアリ――イソップ物語では数匹のアリ――に乞う。セミはけんもほろろに断られ、思慮のなさを非難される。モラリストの立場からすれば、この寓話は芸術的活動に対する報酬という問題をなげかける。昆虫学者の目から見れば、両者の生活のリズムという点で事実に反している。レオミュールが『アリの物語』のなかでもちだしているのは、この点である。

> アリとセミの寓話はおもしろくて、教訓をふくんでいる（……）にはちがいないが、アリが夏のあいだ食糧をたくわえることはないし、セミは冬がくる前にぜんぶ死んでしまう。（Réaumur 1928, p. 31-32）

皮肉なことに、ラ・フォンテーヌを批判したレオミュールが、没してからは批判のターゲットとなった。セミは冬がくる前に死んでしまうことは事実だが、食糧をたくわえるアリが存在することも事実なのだ。レオミュールは、南欧クロナガアリ（*Messor barbarus*）のように、植物を採取するアリがいることを知らずにいた（Hölldobler et Wilson [1994] 1996, p. 216-217）。その時代の他の博物学者たちに共通する無知である。イソップをはじめとする古代の作家たち——ラ・フォンテーヌもそれを継承しているが——に着想をあたえていたのは、食糧を採取するアリが生息する地中海沿岸地方なのだ。これに対して、次の世代の人たちの疑念は、地中海地方の動物相に接したことのない北部ヨーロッパの博物学者たちが提起したものだった。昆虫の行動が地理的条件に左右されることが、さまざまの意見の対立の根源にあったことは、十九世紀イギリスの昆虫学者ジョン・トラハーン・モグリッジが強調しているとおりだ（Moggridge 1873）。

さまざまな昆虫記と異なり、レオミュールの『アリの物語』は生前には出版されなかった。一九二〇年代の半ばアメリカの昆虫学者ウイリアム・モートン・ウィーラーによって見つけだされたが、ファーブルが『昆虫記』のなかでラ・フォンテーヌの寓話について書いていた時には、まだ刊行されていなかった。ファーブルは、ラ・フォンテーヌの物語を「モラルのうえでも、博物学史のうえでも言語道断だ」とのべる。モラリストの立場から、アリのエゴイズムを批判し、セミを擁護する。博物学者として、科学的事実にもとづくべきだと主張する。夏の暑気のなかでセミが木の幹を刺して樹液を吸いだしているとき、その邪魔をし、流れ出る液で喉をうるおしているのはアリではないか。おまけに、数週間してセミが死ぬと、アリはその死骸を食糧にしている。この分析には百行あまりのプロヴァンス語の詩がつけくわえられていて、「セミとアリ」というタイトルが付され、友人のひとりを架空の作者としている。コオロギを登場させ、「しあわせに生きるために、ひっそり生きようではないか」と諭すフロリアンの寓話についても類似の手法がとられている。ここでもまた、ファーブルは批判だけにとどまらず、より真実味があるとおもわれる新バージョンを提案している。

昆虫の仕事

こうした詳細にわたる批判がうきぼりにしているのは、大衆性と学術性をあわせもつ明確な文学のジャンルをなす、という寓話の特異性だ。これに対して、『昆虫記』のあちこちに散りばめられている数々の擬人的な隠喩《メタファー》は、どれもが断片的記述で、多くの場合、社会的にはっきりとした意味をもつ仕事を昆虫にあてはめている。これまで見てきたように、ファーブルの筆のもとでは、マルハナバチとクモとの戦いは、活劇物語の随所にみる一騎打ちとくらべても遜色がない。ドナルド・H・ラモールは、一九六九年に発表した文体にかんする論文『ファーブルにおける表象』において、『昆虫記』の著者が昆虫の行動をいつも仕事になぞらえているのは、隠喩の系統的用法に属すると分析している（Lamore 1969）。

捕食昆虫はいずれも盗賊や悪人の姿をしているのに対して、ほかの昆虫たちは立派な仕事をしている。たとえば、さきほどふれたように、コハナバチの母親は巣穴の入り口で門番をつとめている。ファーブルの目にうつる昆虫は、仕事熱心で、労苦をおしまず、どちらかといえば個々別々に働く職人の世界を形成しているようだ。この社会的観点を極限までおしすすめると、多数派の勤労昆虫と、少数派の有閑昆虫とを対峙させることになる。ファーブルにとって、オサムシは「金属的光沢にかがやいているが」、カタツムリを「満喫する」しか能がない。ハナムグリはといえば、「宝石店の箱」から飛びだしたかのようだが、「バラの花のなかで寝ながら」時をすごしている。これら大型の昆虫は美しいが、「こうした艶やかな虫たちは何もできず、手に職をもたず、仕事ができない」。そしてファーブルは、擬人化されたポピュリズムにかきたてられて叫ぶ。「つつましき者に幸あれ！ ちいさき者に幸あれ！」 その伝記作家のひとりに「昆虫のホメロス」とまで呼ばれた、この人物は演説口調の雄弁をまねることもいとわなかった（Revel 1951）。

仕事という概念を隠喩としてもちいることは、社会政治的な分野に限らず、昆虫がいとなむ、いわば経済的機能にもおよぶ。排泄物を一掃するフンチュウや、死体の片付けをかってでるモンシデムシは、おそらく「血を吸うイエカ」や「毒剣をもつ怒りっぽい狩りバチ」ほどの関心は引かないだろうが、衛生全体にとって、腐敗したものはできるだけ早急に始末するほうがいいので、「清掃」や「肥料づくり」の「奉仕活動」をおこなうものとして、ファーブルはフンチュウやモンシデムシを称える。仕事の隠喩は、とくに巣づくりと整備や、食糧をたくわえる準備の活動のなかにみられる、さまざまな行動を表現する。こうした行動の格好な例をしめしてくれるのが、ミツカドセンチコガネ、メスは「パン屋のあるじ」なのに対して、オスは「そとまわり」の役割をはたし、「粉をつくる材料」をメスのところに運ぶ。この分業からファーブルはこんな解説をおもいつく。「よい夫婦の例にたがわず、母親は内務大臣で、父親は外務大臣なのだ。」巣穴を掘るコオロギの例で、棲みかづくりの様子はかなりよくえがかれている。

坑夫は前肢で土をひっかく。大顎でもって砂の大粒をとりのぞく。二列のトゲのような後肢をばたつかせ、あとずさりしながら残土をかきあつめ、斜めに盛りあげるのを見た。これがすべての方法だ。（第六巻十三章）

坑夫は巣を掘り、左官は家を建設する。ミツバチは女性名詞なので、女左官バチとなる。ファーブルは、「ミツバチをひとことで表現する」この語が気に入っていたが、とはいえ該当する二種の学名、*Chalicodoma muraria*（カベヌリハナバチ）、*Chalicodoma sicula*（シシリーヌリハナバチ）を記している。同じ目的のために別々の技術が使用されることもある。ファーブルの隠喩的表現は系統的で、ハナダカバチとトガリアナバチという二種のハチを「同一職業集団に属するふたつのタイプの労働者」で、「同じ結果にいたるためにそれぞれ異なる（……）方法をもちいている」と言いきる。そして、「これら建築家たちにはそれぞれ独特の技能、見積書、実践（顧客に対する）があるのだ」としめくくる。

一見したところ、ハチの行動を職業になぞらえるのは、論理に縛られず分かりやすく説明するためのレトリックのようにみえる。この明白な擬人的隠喩の使用は、詳細な事実や行動をえがきだして発見へといざないつづけることで、昆虫の行動をうきぼりにすることは事実で、ファーブルが執着していた本能という固定観念はさほど目立たない。描写と記述を基本とした筆致は隠喩的な表現と合致していて、いっそう現実味をおびたものに感じさせている。

昆虫学者の文体

アントワーヌ・コンパニョンは文学論の講義で、文学のジャンルという概念は、厳格なカテゴリーではなく、読書しようとする人があらかじめその本に見つけたいと思っている仮想だとして、そうした文学がどれほど多くのものに利用されたかを解説している（Compagnon 2001. クモをめぐるファーブルの記述について、ドナルド・ラモールによる文体分析は、『昆虫記』全体を説明してくれる。Lamore 1969）。逆に言えば、読者は、特徴的な文体のテクストに没頭しているとき、それがどんな文学的分野に属するものかを見わけているのである。

この点では、昆虫学の記述の原型とみなされるファーブルの著作には、文学のさまざまなジャンルからの借用がみられる。活劇小説、むきだしの欲望のおぞましい場面、バルザックやパニョルを髣髴させる風俗描写、心理小説、さらには、プロヴァンス語で書かれたふたつの寓話。文筆家が『昆虫記』を読破したとき、この著作の中にさまざまの馴染み深い文学のかたちを見つけだす――部分的にではあるが――ことになるだろう。

作家が昆虫学者の視線を自分の同類たちに向けるということは、彼らを昆虫のように見つめるというだけでなく、その作家の描写の仕方が、ファーブルをはじめとする昆虫学者たちが文学から借用したレトリックや文学的表現に対応しているということをも意味する。言い換えれば、その作家は昆虫学者の作風のもちぬしなのだ。恐怖や嫌悪感、ユーモアさらには同情、そして、興味をかきたてる驚きや魅了にいたるまで、ひろい領域で筆をはしらせる作風。

昆虫学の文学とのかかわりは、『昆虫記』の三種類の翻訳が出ている日本においてでさえ、二つの異なる側面をもつ。日本語訳のひとつは、二十世紀初頭、アナーキスト活動家だった大杉栄による（『種の起原』の訳者でもある）。さまざまな展示や出版物が、プロヴァンス出身の昆虫学者ファーブルの人物像を、日本において親しみぶかいものにした。それは、歌麿の『画本虫撰』にみられるように、すでに江戸時代に日本文化のなかで昆虫がしめしていた大きな存在感とかさなりあっている（Utamaro［1788］2009. 極東の美術についてはLhoste et Henry 1990参照）。こうした昆虫への愛着は若い世代にも受け継がれている。大勢の子どもたち、少年少女たちが昆虫を飼育するカゴをつくることに熱中したり、昆虫のワークショップに参加したりしている（Pelozuelo 2007. Lestel［2001］2003も参照）。とはいえ、夜飛ぶ蛾はどこからくるか分からないので怖いという小学生の女の子の言葉からうかがえるように、昆虫に対する不快感というか不安感というか、そうしたものがないわけではない。映画化された安部公房の有名な小説『砂の女』は、昆虫採集者が砂穴に取りこまれるという悲惨な状況をえがいている。砂穴は、ある種のアリジゴクが幼虫のための備えとして、獲物——多くの場合アリ——を捕らえるための罠をおもわせる。著者の安部公房と、映画監督の勅使河原宏は、昆虫がひきおこす潜在的な不安感を表現しようとしたのか、罠をしかけるものが罠にはまるという逆転劇をえがき、人間の好奇心の犠牲になっている昆虫に敬意をはらおうとしたのか（小説は一九六二年に刊行、六四年に映画も公開された）。それはさておき、安部公房は、さまざまな種類の昆虫の正確な名称をもちい、その行動や生息場所を精緻に描写していて、昆虫学にかんする豊富な知識の持ち主であることをうかがわせる。

昆虫学者の文章では、昆虫学に詳しい作家たちにしてもそうだが、門外漢にはほとんど知られていない科学用語がふんだんにあらわれる。ヨーロッパは全体として昆虫にかんしてきわめて無知で、異なった種を区別する日常的な名称さえないことが多い。呼び名としてもちいられているのは、分類学的にその昆虫が属する科の名称だ。ハエ、テントウムシ、アリ……というふうに。トラ、ライオン、ネコを指す語として、「ネコ科」という語しかないみたいなものだ。昆虫学者の文体をもつ安部公房の作品は、語彙の正確さでもきわだっている。科学的正確さを保ったままで、文体は軽やかなものでありうるのである。

昆虫学者に向けられる視線

昆虫学者が昆虫やほかの節足動物に向ける視線の特徴は、描写や分類学的な正確さが文体の多様性にかさねられているところだが、捕獲という行為や観察場所の入念な選択もまた特徴的であり、昆虫に魅せられた学識ゆたかなアマチュアたちにもそれはある程度まであてはまる（アマチュアの昆虫医についてはGachelin 2011を、アマチュア昆虫学者についてはYve Delaporte 1987 et 1989参照。アマチュア博物学者についてはBensaude-Vincent et Drouin 1996、愛好家一般についてはCohen et Drouin 1989参照）。そんなわけで、昆虫学者にも視線を向けてみたくなる。

昆虫学は、資格や、フィールドや実験室での研究によって裏づけられた職業であり、その研究結果は科学出版物に発表されて、同輩たちの評価をうける（職業としての昆虫学者については、Drouin 2005を参照）。だが、それ以外にもさまざまなレベルのアマチュアたちがいる。昆虫愛好家、折々ローカルな研究にいそしむ人、昆虫学を趣味とするボランティアといった人たちの研究は、ときには職業的研究者の役に立っている。さらには、昆虫学の独学者もいて、この人たちは他の分野の専門家だったり、そうでなかったりする……（雑誌「Alliage」の愛好家特集号参照。とりわけChansigaud 2011とDrouin 2011. Collectifの項）。

ともかくも、アマチュアや愛好家や趣味人や独学者にせよ、職業的研究者にせよ、昆虫研究家はふつう男性であり——少なくとも過去においては——、女性の研究家は稀だった。だが、エティエンヌ・ミュルサンが妻ジュリーに手紙のかたちでおこなったように、女性が昆虫学の教育をうけた例もある（Mulsant 1830. Lhoste 1987, Perron 2006（オンライン）も参照）。デッサンの才能のおかげで、昆虫学の研究に入った女性もいる。マドレーヌ・ピノーは『画家と博物学史』（Pinault-Sørensen 1991）のなかでこの点について詳細な分析をしている。マリア・ジビーラ・メーリアンがスリナムでえがいた昆虫のイラストは、観察眼の正確さと芸術性を兼ね備えていて、博物学の歴史において第一線に位置するものである。レオミュールの友人で協力者だったエレーヌ・デュ・ムティエ・ド・マルシリもあげておこう。彼女の緻密なイラストは、とくにミツバチの体の構造にかんする知識をふかめるのに役立った（Grassé *et al.* 1962. Marsilly は Marsigli と綴られることもあるので注意のこと）。ジュネーヴの博物学者・医師ルイ・ジュリーヌの娘、クリスティーヌ・ジュリーヌは、昆虫学で父親の研究に協力し——とくに膜翅目の翅の形態にかんして——、その図版を作成した（Sigrist, Barras et Ratcliff 1999, p. 34-38）。

一般的にいって、過去の世紀のアマチュア昆虫学者たちは、自由な時間に研究に没頭して、膨大な数の昆虫や他の節足動物を収集し、命名し、分類するのに貢献した（Cambefort 2006 参照。それに、大衆文学における「散歩」という語の普及は、余暇の研究を示している。たとえば M. V. O.（匿名）[1838] 1855 参照）。昆虫学研究を職業とする人たちは、こうした寄与なしには、ここまでの分類表の作成に着手することはできなかっただろう。今日も、アマチュアの役割はとうてい終わったとはいえない。

熱心なアマチュアとその同伴者たち、退職した大学教員とやる気満々の学生たち、そんな人たちが顔をあわせるフィールドは、変わらぬファクターなのだ（『トンボと哲学者』、Cugno 2011）。アマチュアたちの関与を説明するのに、「参加型科学」という表現がつかわれるようになった。それが端的にあらわれているのが、国立自然史博物館が企画した「公園のチョウ観測所」の人気だ（参加型の科学にかんしては、とりわけ Romain Julliard と Florian Charvolin の著作参照）。この人気は、ヨーロッパ文化における昆虫観の変化の端緒をつげるものになるだろうか。昆虫学者が真剣にとりくみだしたことがみてとれる。チョウの収集家という牧歌的な姿は、昆虫が重要な役割をはたしている環境に人間の活動がおよぼす影響を推し測ろうとする研究者の姿にかわった。昆虫学者にむけられる視線は変わり、専門家としての役割に、ひきつづき豊富な知識をもつアマチュアたちの協力をえながら、政治的側面がくわわった。それは、科学と政治との複雑な関係を考える必要性を自覚することである。これらの関係は、ずっと以前から隠喩のかたちで存在していたが、いまや決断をくだすという難しい行為に直面している。科学の政治的側面は、参加と論戦の場でもある。

第四章　昆虫の政治

蜜と叙事詩。ウェルギリウスが養蜂をえがいたページはそんなふうに要約できるだろう。『農耕詩』を書くことをすすめたマエケーナスに、ウェルギリウスは約束する。「蜜や、大気中の露、天の贈りものについて語りましょう。」そして、つけくわえる。「こまごましたものでもって壮大な情景を描写してあげましょう。威厳あふれる頭領たちをえがき、つづいて、国全体の習俗についても、その情熱や住民たちや戦いについても書きましょう」（Albouy 2007 と Raulin-Cerceau 2009, p. 11-18 参照）。つぎに、二つの挿話が入る。ひとつはかなり短く、ハチの巣の植物環境にかんするもので、ひとりの老人がターラントの城壁の下につくったちいさな庭園のことが書かれている。もうひとつは、より詳しい内容で、アリスタイオスは、意図せずにエウリディケを死にいたらせ、その結果、オルフェウスも死んだため、ミツバチを失ってしまうが、生け贄として捧げた四頭の雄牛の臓腑のなかに新しいハチの群をみつけだす経緯が綴られている。前者の挿話は、経済的美的に最適な空間をうきぼりにし、後者は、私たちの目には、伝説と祭儀に属するようにみえる。けれど、それは私たちが過去にさかのぼってつけた境界線だ。技術も魔術も、実用も空想も、そこに書かれているのは養蜂の方法なのであり、他の多くの著者たちとおなじように、ウェルギリウスにとっては、政治的隠喩をもちいたミツバチの行動の記述とむすびついているのである（ここでの表象を今日の知識と突き合わせるには、Aron et Passera 2000を参照）。

蜜とそれを生産する昆虫へのもうひとつの賛辞は、その三世紀前のギリシア語訳聖書（七十人訳聖書）にみえる。そのうちの一冊、「ソロモンの知恵」の格言集では、怠け者に対してアリをお手本にするよう忠告している。七十人訳聖書は、この指示にくわえて、ハタラキバチの観察をすすめる。ミツバチにあっては、王も平民とおなじように蜜をさがしにいき、小さな体に賞賛すべき知恵をそなえているのだ。

王それとも女王？

ミツバチの巣をじっくり観察して、まず出てくる問いのひとつが、分業についてだ（ミツバチの性別にかんして考えられてきたことの歴史的総括は、Maderspacher 2007参照）。幼虫をべつにすれば、三種類の個体がいて、形態はもちろんのこと、それにもまして行動がはっきり異なっている。そのうち、もっとも多数をしめる個体——数万匹——は針とともに、後肢の上部に蜜胃がある。これらのハチは巣をつくり、幼虫を育て、花蜜をあつめ、花粉をはこび、自分たちの群を外敵から守る。もうひとつのタイプのハチは体がやや大きいが個体数ははるかに少なく、「ニセバチ」の名で呼ばれ、前者のハチに依存しながら生きていて、冬がくる前に追放される。さらに、他の個体に比して長さも幅もひときわ大きい一匹のハチが統制役をはたしていて、そのハチしだいで王国の様相がきまっているようにみうけられる。この君主とおぼしきハチがはたしてオスなのかメスなのかが、ミツバチの社会生活を描写する鍵となる問いであった。

古代の著者たちは、巣を指揮しているのは、女王ではなく王だろうと考えたようだ。この考え方は、伝統的に男と女に割り当てられている社会的役割と合致しているとおもわれたので、人びとは少なくともそう信じようとした。

しかし、クセノポンが紀元前三七〇年ころに執筆した『オイコノミクス（家政について）』は、この見解がほんとうに徹底していたかどうか疑問をおこさせる。クセノポンは貴族の出で、騎士にして作家であり、農業にもかかわっていた。その対話に、師ソクラテスを登場させる。そして、ソクラテスとその友人との対話を想定し、ある土地所有者がすぐれた管理の原則について妻にあたえた説明に言及する。クセノポンは、妻がはたすべき役割を、「ミツバチの女主人」（ギリシア語では女性冠詞付きのヘゲモンつまり「主」であり、バシレアつまり「女王」ではない）がおこなっている仕事になぞらえる。女主人は「（ハチたちを）外の仕事に送り出し、一匹一匹が運んでくるものを点検し、受け取る」。そして、「巣房の建設」に采配をふるい、「生まれたばかりのハチの養育を見守る」。ときがくると、新しい主人が指揮する群の旅立ちを準備する。土地所有者の妻はあきらかに困惑したようすで、それが自分のはたすべき役割なのかと訊ねると、夫は、実際、おまえは召使を外の仕事に送りださねばならず、家のなかに残された者たちがちゃんと仕事をしているかどうか点検し、そのうえ、食物や他の物資を受け取り、再分配しているではないか、と答える。そうしたことは妻がすでにおこなっていることで、妻に対する指示というより妻の行為の記述であり、ミツバチの女主人の話は、それに論拠をあたえているだけだ。だが、その論理がすべてにあてはまるわけではない。ハチの巣と家族の領域との類比では、家の女主人の役割はあくまでも家庭内の権限で、クセノポンにとっては、政治権力の補完としての意味しかもたない。政治権力そのものは、戦士の活動と不可分で、男性だけのものなのだ。明記されてはいないが、クセノポンの文章からうかがえるのは、ミツバチのあいだで権力をふるっているのがもっぱら女主人なのは、ミツバチのあいだには戦争がない、もっと正確にいえば、クセノポンはミツバチの戦争について語っていないからである。

権力者の性別と戦争状態との関係は、アリストテレスの分析の土台をなす（ミツバチにかんするアリストテレスの概念に人類学的にアプローチするには、Jean-Pierre Albert の浩瀚にして明快な研究参照。Albert 1989）。

『動物誌』のなかでアリストテレスが言っていることは、針をもつ「ハチ」、針をもたない「ニセバチ」、針をもっているが刺さない「君主」の区別を基本としている（第九巻第十五章。第五巻の二十一章と二十二章も参照）。『動物の発生について』で、さらに考察をおしすすめ、さまざまな可能性について言及する。それを理解するには、アリストテレスが「ミツバチ」と呼んでいるのは、今日私たちが「ハタラキバチ」と呼んでいるものであることを念頭におかなければならない。しかも、「属」という語は、十八世紀に生物の分類において得た意味をもたず、ただ、ひとつのタイプや範疇や種類をしめすものにすぎない。アリストテレスはつぎのような可能性を示唆する。「ミツバチ」はミツバチ同士の交尾から生まれ、「ニセバチ」は「ニセバチ」同士の交尾から、君主は君主との交尾から生まれるのか、あるいは、すべての個体がひとつの「属」から生まれるのか、またはふたつの属の結合、つまりハチとニセバチの交尾から生まれるのか。その場合、ニセバチはオス、ミツバチはメス、あるいは、その逆になる（第三巻第十章 758b-759b）。だが、ニセバチがオスだという仮定は考えにくい。アリストテレスは強調する。「自然は戦いの武器をけっして女にはあたえない」。ところが、ミツバチは針をもっていて、ニセバチはもっていない。緻密な観察を包括する推論のただなかに、性別の社会的分業の固定概念が論拠として顔をのぞかせる。

経験的知識と社会的観念との同様の関連づけは、紀元一世紀、大プリニウスがあらわした『博物誌』第十一巻の、ミツバチのことが書かれた第四章から第二十三章にふたたびあらわれる。

すべての（昆虫の）なかで第一の位置をしめるのはミツバチであり、あらゆる昆虫のなかで人間のためにつくられた唯一のものなので、最高の賛辞にあたいする。ミツバチは蜜を吸いだす。とても甘く、とても軽く、とても健康によい汁である。ミツバチは蜜蠟と巣をつくり、それらは数しれない生活用品に役立つ。もくもくと労働にいそしみ、産物をしあげる。政治的社会、個別

の評議会、共通の頭領をもち、そしてさらに賞賛すべきこととして、道徳を有している。(第十一巻第四章)

ミツバチの群がうみだす蜜と道徳、それは、ミツバチにかんする文献において飽かずにくりかえされた、ふたつのテーマだ。君主の性という漠然とした問いにかんしては、プリニウスはあたかも当然であるかのように、王、つまりオスとみなしている。たとえば、こう書いている。

たしかなのは、王みずからは針をつかわないことだ。臣下たちはみごとに王に従っている。王が外に出るときは、群のすべてがお供をし、王をかこみ、とりまき、守り、その姿が見えないようにしている。それ以外の時間、臣下たちが仕事に励んでいるときは、王は作業を視察し、励ましをあたえているようで、王だけが仕事を免除されている。(同巻第二十七章)

アマゾネスと顕微鏡

それから十六世紀たって、君主は男性という見方がようやく疑問に付された。この点についての重要な文献は、チャールズ・バトラーの『女性の君主制またはミツバチの歴史』である。初版は一六〇九年だが、十八世紀まで何度も再版されている。バトラーは技術的手腕の持ち主だったので、まるで養蜂の教科書のようにみえたことが人気を集めた理由だったが、とはいえ、政治的領域でも大胆だった。バトラーの筆のもとでは、ハチの巣は「アマゾネスあるいは女性」の王国である（Butler 1609）。オスバチはぶらぶらしているだけで、他のハチたちが額に汗して得たもので生きている（第四章）。したがって、ミツバチ（ハタラキバチを意味する）がオスバチを従わせ、支配するのは当然だ。つまり、ハチの巣では、文法学者の表現を借りれば、「女性形は男性形より優勢」なのである。読者が人類の男女の地位にかんして「ねじくれた」結論をだすかもしれないと危惧し、バトラーはいそいで明言する。ミツバチは特殊なケースであり、一般的には、オスはメスの優位に立っている（第四章。十六、十七世紀英国におけるミツバチ像とその政治的解釈、とりわけ性別の問題については、以下の二つのすぐれた研究が有益だろう。Frederick R. Prete 1991 および Mary B. Campbell 2006）。

君主がオスかメスかという問いは、巣のなかにいる形態の異なるハチの性を同定するという、より大きな問題にふくまれる。その大多数は生殖力のないメスで、レオミュールに倣って、他の著者たちも「ラバ」と呼んでいた。当然ながら、アリの巣にかんしても同様の問いがなげかけられ、生殖力のないメスはやはり「ラバ」と呼ばれていた。アリについては、仕事に対するいわゆる情熱と、伝説的な食糧貯蔵の件で前述した（前章および本章の冒頭）。さらにつけくわえれば、アリはその膨大な数ゆえに不快で気味の悪いものとみなされていた。モンテーニュが「ものごとを解釈するよりも、解釈を解釈する」ことにうつつをぬかす人びとを嘆いたとき、その思いを「アリのように群がる注釈」という表現でもって要約した（『エセー』第三巻第十三章）。この増殖という考えは英語では swarm ――いつせいに飛び立つハチの大群のように振る舞うことを意味する――のイメージで表現されるが、それにもまして、アリの生活においてもっとも驚くべき特徴のひとつは、まちがいなく、季節になると出現する羽アリだろう。今日でも都市生活者のなかには特殊な種類のアリだと思っている人が多いが、羽アリがアリの巣からでてくるのを博物学者たちは久しい以前から観察していた。死の直前にアリにあたえられる自然の恵みだと考える人たちもいたらしい（レオミュールはこの意見をカルダンのものだとしている。Réaumur 1928）。ハチの巣を目にする機会の多かった樵《きこり》や羊飼いたちが、羽アリをどう見ていたかを知るのは難しい。だが、『ドン・キホーテ』のなかにかなり重要な手がかりが得られる。セルバンテスは、サンチョ・パンサの口を借りて「運悪く、アリに羽が生えた」という俚諺《りげん》を記している。約束されるはずの統治者の地位を足げにするとき、サンチョはこう言いきる。「鳥に食わせるためにおれを空中にただよわせた羽は、その厩舎に捨ててきた。」（第二巻第三十三章・五十三章。Drouin 1987 参照）

巣を統治しているのは王か女王かという問い、そして、時期がくるとなぜ羽がはえるアリがいるのかという問いは、解剖学的観察によって同時に回答を得ることになる（ミツバチの生物学史については、Caullery 1942 参照）。決定的転換点となったのは、十七世紀後半、オランダの博物学者ヤン・スワンメルダムの『昆虫の自然誌』であった。スワンメルダムは、「ミツをつくるハチ」――原典のラテン語では作業者（*operariae*）――には「オスかメスか判断できるようなものは」まったく見つからなかったが、逆に、「王であるニセバチと、女王（王の名で呼ぶことのできないハチ）には、きわめて明瞭な生殖器官をみとめることができた」とつけ加えた（Swammerdam 1758, p. 96）。言い方をかえれば、顕微鏡を使った解剖と観察によって、生殖器官を同定し、ニセバチはオスの性格をもち、ミツバチの君主はメスの性格をもつことを確認した。王はメスにして母親なのだ。これに対して、他のハチたちの性は同定するにいたらなかった。アリにかんしては、大きな羽アリはオスであり、羽のない膨大な数のアリは「働くメス」（この語はレオミュールにより、スワンメルダムを信用して用いられている。Réaumur 1928, p. 47-48）とみなした。スワンメルダムの結論はつぎの文に要約される。

（……）したがってオスアリは種の繁殖に専念しているとき以外は巣において優位をしめることなく、アリと多くの共通点をもつミツバチもそれは同じだ。本能により集団で生活している、この二種類の昆虫は従属というものを知らず、共和制のようなものを形成していて、すべてが共有され、すべての成員が平等である。（Swammerdam 1758, p. 187）

ミツバチにおける奇妙な習性、とくに伝統的な性別役割分担が逆さになっていることについては、フォントネルが『世界の複数性の対話』（一六八六）でふれている（Fontenelle [1686] 1990）。表現の優美さと知識の厳密さとを兼ね備えたこの作品には、フォントネル自身が登場し、夜の庭園で、学問好きな侯爵夫人の気を引こうとして、物理学や天文学について語る。三日目の夜、異なる惑星の住人の様相についてもっと詳しいことをおしえてほしいと催促する侯爵夫人に対して、語り手は、その惑星の名は言えないが、「とても活発で、勤勉で、器用な住民」がいるところがあると断言する。略奪行為にはしるところは批判すべきだが、「国家の繁栄にたいする彼らの熱情」には賞賛を禁じえない。生殖力がなく、彼らは純潔を強いられて生きているが、「おどろくほど多産な」女王のおかげで、国家は維持されている。女王は自分の快楽のために、そして繁殖のために夫たちのハーレムをもち、夫たちの役割はそれのみで、任務を終えたとたん殺されてしまう。そんな「ロマン」に異議をさしはさむ侯爵夫人に、じつはミツバチのことなのですよ、と打ち明ける。このたとえ話は、学者たちのあいだの論争のようすを社交界の人びとに伝える教育的手段のかたちをとる。

いっぽう、バーナード・マンデヴィルの『蜂の寓話』には、そうした意図はみじんも感じられない。一七一四年に出版された、この政治文学の古典がハチの巣から借用しているのは、豊かで強力で人口の密集した都市の姿のみだ。そこで著者がえがいているのは、貪欲と不正が生みだした繁栄に嫌気がさして、気高く生きることを決心したミツバチである。それはただちに、弁護士や看守や憲兵や執行官の消滅をまねいた。違法行為は存在しないので、必要とされなくなったからだ。窃盗をはたらこうとする者がいなくなったので、錠前師さえ用をなさない。医師たちは外来の薬より安価で、同じくらい効き目のある身近な薬を処方している。聖職の特権をもつ者はみずからすすんで自分の任務をはたしている。富豪のハチたちは出ていってしまった。家屋の価格も地価も暴落する。贅沢品に腕をふるう者たちは、画家や彫刻家をもふくめて、失業状態におちいる。放棄された巣は近隣から攻撃をうけ、残っていたハチたちはその士気にもかかわらず敗れて、ただの空洞の木の根を棲みかにせざるをえなくなる。このフィクションの教訓は、本のサブタイトルに要約されている。「私悪すなわち公益」(Mandeville [1714] 1990. 英語の原題は *The Fable of the Bees, or Private Vices, Public Benefits*)。アダム・スミスが、個々人が自分の個人的利益を追求することが「社会の年間収入」を増大させると信じて、「見えざる手」を唱える半世紀も前のことだった(Smith 1776. 第四巻)。

『蜂の寓話』とははっきり異なっているが、『自然の光景』は十八世紀の書籍のなかでもっともよく引き合いにだされる著作のひとつである(Mornet 1911)。著者のノエル・アントワーヌ・プリュシュ神父は、科学の普及と宗教の宣伝とを結合させている。ミツバチについて語りながら、「これら小さな動物」と「その社会的精神」とを称えてやまない。ハチたちは、「法律に縛られていないので、自由」であり、「異なった奉仕活動による協力」のおかげで豊富なものを得ているので、裕福なのだ。これに比べると「人間の社会」は彼には「ひどくみにくく」みえる。「人類の半分が余分な富を得るために、残りの半分から必要最低限のものまで奪っている」(Pluche 1732, p. 179)。この政治的な認識のうしろにみえているのは神学的な訓戒である。プリュシュ神父はこう述べる。「神の精霊によってみちびかれないならば、人間はまちがいなくもっとも不公正でもっとも腐敗した動物である。」著者がその悲観論をどのような結論にいたらせようとしているか——神不在の人間は獣に劣る——、その悲観論がどれほど神の恩寵をうけない人間の惨めさというジャンセニスムの観点と暗黙のうちに結びついているかは明らかだ。この関連づけは根拠のないものではない。ミショーの『世界伝記集』でプリュシュについて割いている箇処をみると、プリュシュ神父は長上たちから、ジャンセニスムを非難する教皇の文書に反する見解をもっているとして叱責をうけた、つまり、彼はジャンセニスムに傾倒しているのではないかと上部から疑われていた。マンデヴィルとプリュシュ神父とはまったく見解を異にしているが、昆虫でもって政治的主張をしている点で共通している。

競合するパラダイム

昆虫の社会的行動の観察や形態の多様性の分析結果は、概念の基礎をかたちづくり、そこにさらなる補足や修正がくわわる。トーマス・クーンが定義したパラダイムの概念は、スワンメルダムの研究についても言えるが、とくにレオミュールにあてはまる。レオミュールが分類や命名に無関心だったことや、博物学において昆虫がしめる位置にかんするビュフォンとの論争については前述した。彼が一七三四年〜四二年に出版した全六巻よりなる『昆虫誌』には二六七枚の図版がふくまれていて、その画像の質の高さにより、昆虫の解剖学的構造がうきぼりにされ、体の構造そのものがその行動をうかがわせる（Aguilar 2006, p. 54-56 と p. 196 による）。この六巻において、多くのページがミツバチに割かれている。さらに、前述したように、アリにかんする論考が七巻目となるはずだったが、それは長いあいだ出版されないままだった（本書の第二章）。

昆虫学の歴史において、ミツバチとハチについては、ジュネーヴの研究者フランソワ・ユベールとその息子ピエール・ユベールがこの領域で足跡をきざんだ（ユベール父子については Cherix 1989）。フランソワ・ユベールの『ミツバチにかんする新たな観察』は、初版が一七九二年、第二版が一八一四年に出版され、とくに女王バチの生殖にかんする観察が注目され、十九世紀をつうじて権威をもっていた。この著作は、博物学者シャルル・ボネに宛てた手紙というかたちをとっている。フランソワ・ユベールは二十歳で失明し、使用人のフランソワ・ブリュナンが、彼の指示のもとでおこなった観察と実験について語っている。

ピエール・ユベールは父親の共同研究者だが、個人的にもアリについての研究をおこなった研究者であり、一八一〇年に出版された彼の筆になる『土着のアリの習性にかんする研究』は、最近の著作にいまなお引用されているが、注目されているのは、アリ同士のコミュニケーションに触角がはたす役割や、アブラムシとアリとの関係にかんする観察、そしてとくに社会的寄生のかたちの発見で、著者はそれを奴隷制と名づけ、この用語が数々の論争をまきおこすことになる(奴隷制については本章で後述。ピエール・ユベールの著作は一八二〇年にイギリスで翻訳された)。

ユベール父子の貢献により、昆虫学のなかに社会性昆虫と定義される領域ができてきた。この名称は自明の理とはいいがたい。社会性昆虫をテーマにすれば、ある集団の種をその行動様式にもとづいて定義することになるが、分類では形態的な特徴を重視するのが慣わしだからである。

この点で、ルプルティエの著作は昆虫学の歴史において独特の位置をしめている。サン・ファルジョー伯爵アメデ・ルプルティエは法服貴族の出身で、二人の兄は革命派だった(国民公会の代議士で国家による教育計画を推進した長兄は、ルイ十六世の処刑に票を投じたために暗殺され、バブーフの闘士だった次兄は亡命を余儀なくされた。Lhoste 1987, p. 133)。ルプルティエの主著（『昆虫の博物誌、膜翅目』）は一八三六年に出版された。彼にとって、「本能的能力」の相違は、「それぞれの科の明確な特徴」であり、「表現にすぎない」形態的相違より重要なのだ。さらに彼は、その大胆な方法論に思弁的な根拠をあたえる。

> 実際、創造主は動物に、物質を凌駕する理性のように、本能をあたえたようにおもえる。したがって、創造主は、知性的な部分を、体をかたどるものとして見ることを強いたのである。
> (Lepeletier de Saint-Fargeau 1836, p. 231)

ルプルティエが指ししめした方針にしたがった者はなく、おそらく関心はひいたが、成果はいまひとつだったのだろう。社会的行動だけで昆虫を特徴づけても、その昆虫が分類学上にしめる位置とは重ならない。アリ、ミツバチ、スズメバチは、十八世紀から膜翅目に分類されているが、この目《もく》のなかで社会生活をする昆虫は少数派だ。シロアリは長いことヨーロッパ人のあいでは知られていなかったが（あるいはアリと混同されていた、「シロアリ」（Swammerdam 1786）と呼ばれるほどだ）十九世紀はじめに脈翅目に分類され、そして、その後、シロアリ目（等翅目）という別個の目を形成することになり、現在、二千八百種がそこに入れられている〔シロアリの分類については異なる見解がある〕。さらにいえば、社会生活をいとなんでいる現存するアリは数千種にのぼるが、多数のハチは単独で行動している（分類をめぐるこの問題については今日の科学書でも論争がある。Jaisson 1993; Passera 1984）。しかしながら、分類において行動形態という要素はそれほど徹底的に除外されているわけではない。実際、ある行動とある形態とを関連づけることはあくまでも可能であり有益だ。たとえば、聴覚で交信しあうためには、音声信号を受信し発信するための器官が必要だ（最近の論文、とりわけ Laure Desutter-Grandcolas の研究は、直翅目における音声発生の系統進化を扱っている。Desutter-Grandcolas et Robillard 2004（オンライン）; Robillard et Desutter 2008（オンライン））。

これらさまざまのパラダイムの競合は、十八世紀全般にわたり十九世紀の前半までおこなわれた研究が膨大なものだったことをしめしているが、そのなかには、さほど大きなインパクトをあたえなかったものもあれば、昆虫学構築の土台となったものもある。スワンメルダムにはじまり、レオミュールやラトレイユを経てユベールにいたるまで、社会性昆虫にかんする研究はその骨格を形成してゆき、同時に、政治的色彩をおびたテーマが舞台の前面におしだされた（Drouin 1992 と Drouin 2005 を参照）。

共和制か君主制か

一八五八年ジュール・ミシュレが『虫』を出版したとき、質の高い豊富な文献を参照できた（ミシュレと昆虫学については Jolivet（Gilbert）2007 と Marchal 2007）。自分の知識はこうした文献に目をとおすことから得られたことをみずから認めながらも、知的に「決定的な一撃」をうけたのは、「ハチとアリにかんするユベールの二冊の著作」だと強調している（Michelet 1858, p. 375）。二度目の妻アテナイス・ミアラレの影響と協力のもとで、ミシュレが博物誌の執筆にとりかかったのは、遅い年齢になってからだ（Eric Fauquet のミシュレ伝は、この本の商業的成功を強調している。Fauquet 1990, p. 384-392）。『虫』においても、博物誌の一般むけの他の三冊、『鳥』（一八五六）、『海』（一八六一）、『山』（一八六八）においても、しばしば隠喩的筆致で自然の唯心論的ビジョンを展開するのに、ミシュレは博物学者の記述をよりどころにしている（ミシュレの著作を扱った本のうちいくつかは、その博物誌的な文章を重要視している。なかでもロラン・バルトのエッセーは、リンダ・オルやエドワード・K・カプランの研究と並んでそうである。Barthes 1954; Orr 1976; Kaplan 1977. ジョルジュ・ギュスドルフは『自然のロマン主義的な知識』で一章を割いてミシュレのこの側面を論じ、そこでミシュレを「言葉のドイツ的な意味で《自然哲学者》である」と言っている。Gusdorf 1985, p. 278）。ミシュレは『虫』の序文で、昆虫の世界は「闇と謎の世界」のようにみえるが、「不死と愛という魂の二つの宝物をふかいところまで照らす微光がそこにある」と述べている（Michelet 1858, p. xxxix）。

刊行から二十年して、『虫』は歴史の一段階をなしていたが、すでに時代遅れになっていた。アルフレッド・エスピナス（エスピナスについてはLa Vergata 1996）は一八七七年、『動物社会』をあらわし、賞賛をこめてミシュレに言及した。「この偉大な歴史家は、それまで誰もなしえなかったほどみごとに動物の家族について語った。」（Espinas 1878. エスピナスの思想についてはFeuerhahn 2011, Brooks 1998）けれど、エスピナスが典拠している情報はすでにミシュレと同じものではなかった。

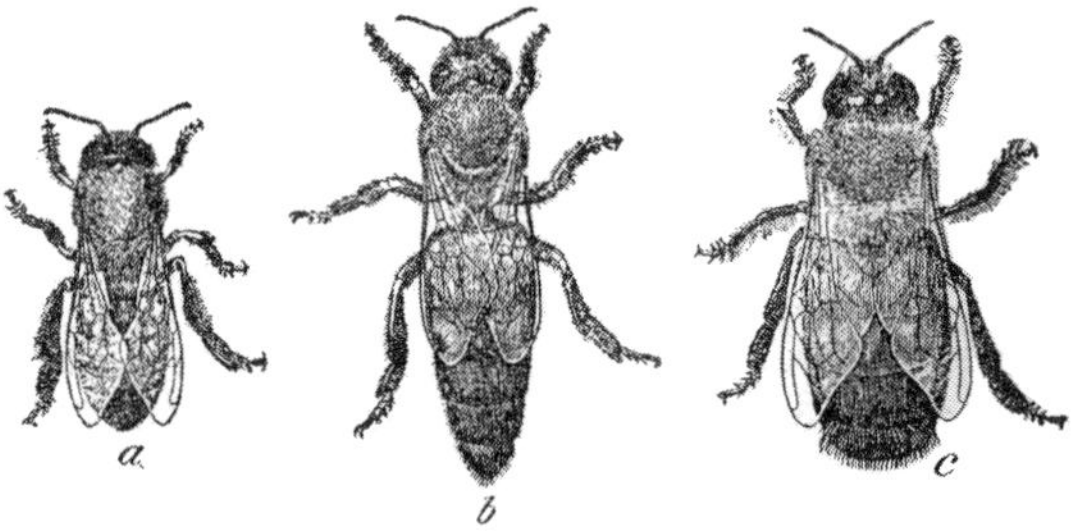

セイヨウミツバチ　a ハタラキバチ b 女王バチ c オス（Morton Wheeler, 1926）
アメリカの昆虫学者モートン・ウィーラーは1924年から1925年にかけてパリで連続講義をおこなった．

ときにはフランソワ・ユベール、それ以上にピエール・ユベールを引き合いにだしてはいたが、エスピナスが主として依拠していたのは、一八七四年に初版がだされたオーギュスト・フォレルの『スイスのアリ』である（レマン湖のほとりの町モルジュに生まれたフォレルは、精神科医で昆虫学者だった。Satori et Cherix 1983, Pilet 1972. フォレルの政治的曖昧さの細かい分析は Tort 1996, Jansen 2001b. Lustig 2004 も参照）。エスピナスにとって、昆虫の社会は、社会事象の生物的発現にすぎない。それは「母系家族社会」であり、摂食だけにもとづく社会や、交尾のときにしか個体同士が接することのない社会よりは優れているが、鳥類や哺乳類にみられる「父系家族社会」より劣っている。

かくして、フォレルとエスピナスにはじまり、一九二六年ウイリアム・モートン・ウィーラーがパリで講義をおこなう時代の幕があける。フランス語圏の読者にとって、この時代を特徴づけるのは、モーリス・メーテルリンクの輝かしい三部作、『ミツバチの生活』（一九〇一）、『シロアリの生活』（一九二六）、『アリの生活』（一九三〇）である（メーテルリンクについては、Bailly 1931 と Gorceix 2005 参照）。昆虫の行動の研究に進化論的視点をくみこんだことが、これまでと異なっている。こうした大転換はあっても、くり返されるテーマは、時代をとおしてたどってゆけるものだ。

ハチやアリの巣を論じるときによくでてくる「共和制」という語は、著者によっては、王制の隠喩と相容れないものではない。たとえば、ある『博物学教本』は、第二版が革命年五年（一七九七）に出たが、そのなかの「ミツバチ」にかんする論考には、ハチたちの女王に対する愛着は「共和国にとっての女王の必要性に匹敵する」と書かれている（Duchesne et Macquer 1797, p. 7）。共和国とは、ここでは「国家」を意味しているようだ。共和国のもともとの意味は、ラテン語の *res publica*（公共のもの）からきているので、ギリシア語で『ポリテイア』というタイトルのプラトンの著作を、「共和国」（république）と仏訳したのは適切だった。この意味において、一八〇二年ラトレイユはアリの巣を紛争から守られている「共和国」とみなし、ピエール・ユベールは一八一〇年その著書の最終章を「共和国に住む昆虫の考察」と題し、ミツバチやアリやシロアリとともにスズメバチをとりあげたのだった（Hubert (Pierre) 1810, p. 289-314）。

しかし、「共和国」という語が頻繁につかわれていたといっても、君主制に批判的な論争の意味合いを含む語とみなす著者もいた。たとえば、一八二二年、養蜂にかんする論考の著者は、ミツバチの女王に賛辞をおしまない。

母バチは王国の元首であって、くり返し言われてきたような共和国の元首ではないのだ！　ああ！　なんという王国、なんという英知、元首の法にみる公益に対するなんという愛！　その配下にある者たちの、なんという献身、なんという愛国心、下臣たちのなんという団結、願わくはヨーロッパでもこのような光景を見せしめたまえ。（Lacène 1822, p. 25. このアントワーヌ・ラセーヌについては、同時期にやはりリヨンで発表された二つの果樹園芸論考の著者ということ以外、何一つ分からない）

ルプルティエ・ド・サン＝ファルジョーは王制に対する賞賛の念にかられて、逆にアリの巣には女王がいないことを証明しようとする。

社会の他の成員たちの利益と必要に配慮し、有用な指令をあたえる、これこそが王国の義務であり、従わせることこそがその権利である。これまでアリの巣においてわれわれが見たものは、指令をくだすという発想を退ける。すべてが協定にもとづき、決められた時間内になされているのは、たった一匹の個体が遂行すべき計画を案出しているからではない。（Lepeletier de Saint-Fargeau 1836, p. 136）

ミツバチは王制、アリは共和制。ミシュレの発想も同じで、「アリはまちがいなく強固な共和主義者」で、ミツバチとちがって、「共通の母の崇拝」によって精神的ささえを得ることさえ必要としていない。著者のすべてがそんな描写を信じていたわけではない。ピエール・ユベールはそうしたものを利用しながらも、読者に注意をうながす。「女王だの、臣下だの、憲法だの、共和国だの、そういったものは文字どおりにとらえるべきではない。」ドーバントンは革命暦三年（一七九五）高等師範学校の講義で、博物学史において「大げさな文体」がまねいた誤りを批判した。「ライオンは動物の王ではない」、暗黙のうちにビュフォンを標的にして、投げつけた言葉だ。感動する受講生に対して、「自然界に王はいない」とつけ加えた。少しして、学生たちは質問するようにと促され、ひとりが異議をとなえた。「私の目に入るのは、自然界の王よりももっと醜悪なもの、つまり、女王です。法外なことに、共和国に女王がいるのです。」これに答えてドーバントンは、ハチの巣で権力を行使しているのは「ハタラキバチ」であり、いわゆる女王は母親にすぎず、卵を産む以外の役割はないように思われる、と答えた（Guyon 2006 による）。

昆虫のあいだの不平等について

昆虫の社会が共和制だとしても、平等とはほど遠い。何よりもまず、ミツバチとアリにおいてオスとメスのあいだのバランスはいちじるしく不平等だ。オスには受精させる役割しかない。つかの間の快楽を連想する著者もいた。ラトレイユは一七九八年、婚姻飛行の後、オスは巣にもどらず、その存在はすでに無用なものになると指摘し、声をはりあげる。「彼らは自然とかわした誓い、情交の誓いを果たして、姿を消す。快楽の王国はなんと短いのだろう。」ピエール・ユベールは女王バチの受精にふれながら、「オスのハーレム」をうんぬんする。ルプルティエ・ド・サン＝ファルジョーは「種の存続になくてはならない情動」としてあっさり定義し、ハタラキバチによるオスの虐殺には心を動かされてはいないようだ。決定的な論点は、もちろんのこと、伝統的な性別役割分担の逆転である。ピエール・ユベールはこう書いている。「武器、勇気、軍事戦略、そういったものがこれらの共和国では女に固有のものであり、非力、無為、追放が男の領分なのだから、われわれの風習とは驚愕すべき対照をなしている。」

しかし、そうした性別による不平等が存在しないシロアリの社会も平等とは言いがたい。詩人ジャック・デリーユは、シロアリをこううたいがいている。

> 彼らの賢明な共和国がつくりだした三階級、それは、労働者、貴族、兵士という、しあわせ者たち。(Delille 1808, p. 166)

デリーユは生殖機能をもつカップルをおそらく「貴族」の階級に分類していたのだろう。三種類のカーストに分けることとは、中世における三身分（農民、騎士、僧侶）を想起させずにはおかないが、昆虫の社会に僧侶に相当する存在をみつけるのは難しいにちがいない（社会の三層構造にかんするジョルジュ・デュメジルの封建的想像力への適用については、ジャック・ル・ゴフの分析を参照。Le Goff 1964,

p. 319-329)。

ミツバチとアリにおいては、性的不平等は、カーストの不平等をともなう。とくにアリにあっては、自然は労働するアリに情交の「甘美な歓び」を禁じているだけでなく、翅を奪い、常に土にはいつくばっている「奴隷」であることを強いた（Latreille 1798, p. 16）。だが、ラトレイユはこうした悲観的な見方のみにとどまらず、逆の観点を示唆する。

われわれの目にはいかにも惨めにみえるこれら小さな個体に、権威と権力と力が存している。揺りかごのなかの家族を養い保護するのは彼女たちである。大勢の子孫の生存はその手に委ねられている。これら養子たちの教育は、おそらく真の幸福の源泉であり、母親の役割に寄与することは喜悦となり、それが他の楽しみを埋め合わせるだろう。（Latreille 1798, p. 17）

ラトレイユの論理は他の著者たちにもみることができる。ピエール・ユベールは、自然が「ほかの母親の子どもたちに対する」愛をハタラキバチやハタラキアリにいだかせたことに感嘆する（Huber (Pierre) 1810, p. 301）。ラトレイユとユベールは、ハタラキモノは新しい女王を選ぶことさえできることを指摘する（一七六〇年から一七七〇年にアダム・ゴットロフ・シーラッハによって発見されフランソワ・ユベールによって確かめられたこと。女王蜂がいない巣においては、ハタラキバチの幼虫から女王が生まれることもある）。ともかくも、主導権をとっているのは、ハタラキモノであり、彼女たちこそがハチの巣やアリの巣で母親の権限を行使しているのだ。ミシュレは「ミツバチはいかにして人民と共通の母親をつくったか」と題した最終章で、このテーマを情感をこめて展開している。

こうした母権制共和国を絶賛していたのは、博物学者、啓蒙家のアルフォンス・トゥスネルだった。彼はシャルル・フーリエの弟子であり、レオン・ポリアコフが指摘しているように激しい反ユダヤ主義者だった（Poliakov 1968, p. 383-384）。さらに、トゥスネルは女性性の優位を確信していて、ミツバチやアリの生活は、「個々人の幸福」は「女の権威に正比例する」ことを証明するものとみなす。ミツバチの巣は、富が労働によってのみ成り立っている唯一の共和国なのだ。オスバチの虐殺が異論の論拠となる可能性を考慮し、トゥスネルは「タマゴを何個か割らずに、上質なオムレツはつくれない」と防戦を張る（Toussenel 1859, p. 58-66. トゥスネルについては、Rigol 2005; Crossley 1990; Roman 2007）。

昆虫の社会のこうした調和のとれた構図は、オスにあたえられた不幸な運命によっても、ハタラキモノへの貞操の強要によっても、さほど問題視されなかったが、戦争と奴隷制には打撃をうけざるをえなかった（Passera 1984, p. 88, 96, 114, 240; Jason 1993, p. 143; Holldobler et Wilson [1994] 1996, p. 146 参照）。

戦争と奴隷制

まず戦争。ピエール・ユベールはウエルギリウスが記述しているミツバチの戦争をおもいおこし、アリの戦争に「自分たちの激戦の衝撃的光景」をかさねる（Huber（Pierre）1810, p. 308-309）。ルプルティエ・ド・サン＝ファルジョーは、労働能力のないオスの殺戮には正当性をみとめながらも、「異なる巣のミツバチのあいだでの抗争」についてはかなり厳しい裁断をくだす。「そこには弁明の余地はほとんど、いやまったくなく」、それは、「もてなすことも、貸しあたえることもしらず、ときには略奪にはしる」ミツバチの性格に起因する（Lepeletier de Saint-Fargeau 1836, p. 340）。ミシュレはといえば、驚愕に目をみはり、「内戦」と名づけて、まる一章を割いている（Michelet 1858, p. 275）。といっても、この用語は適切ではない。戦いは異なる種のあいだで、小柄の左官たちが、自分たちを襲った大柄の大工たちを倍返しで復讐していたのだ（Michelet 1858, p. 275-289）。

しかし、戦争以上に、奴隷制は著者たちの感情をかきたて、思索をうながした（アリの奴隷制が、アリの内戦と同じく比喩的なのは、それが異種間のことだからである）。まず、ピエール・ユベールが自分自身の発見をきわめて具体的なかたちで語っている。

> 一八〇四年六月十七日、午後四時から五時にかけてジュネーヴの近隣を散歩していたとき、私の足もとで、褐色、または褐色がかったアリの群が道路を横断するのを目にした。（Huber（Pierre）1810, p. 210）

群についていったところ、このアリたちが、灰黒色アリの巣を襲い、幼虫と蛹を奪いとり、自分たちの巣に持ち帰った。ユベールは褐色アリを「軍団」または「アマゾネス」と呼ぶことにした。ユベールはこうして「異種のアリが混在する巣」をみつけ、捕獲されたアリが、アマゾネスに仕えて労働しているのを発見する。彼はこの現象を説明するのに、奴隷制になぞらえることをいとわない。

灰黒色アリと坑夫たちは、アマゾネスのニグロだ。アマゾネスはこれらのアリのなかに奴隷をさがしにいく。このアリたちの本能が発達していない段階でさらってきて、その労働の成果の分け前にあずかるのだ。(Huber (Pierre) 1810, p. 258. ユベールのすぐれた読者であるフォレルによれば、灰黒色アリはオウシュウクロヤマアリ、坑夫はフォルミカ・ルフィバルビス、アマゾネスはアカサムライアリのことである。(Forel 1874, p. 102-103)。アリにおける奴隷制の説明は、Passera 1984, p. 84 以下と Passera 2006 参照)

そうした状況にユベールは道徳的な困惑を覚えない。それどころか、昆虫のなかに、「人間においては、ときには粗暴なものとなる」制度が、自然によって慎重につくりあげられていることを称える。異種が混在するアリのなかには、「隷属」もなければ「抑圧」もない。奴隷アリは「自分たちがよその巣にいることに気づいていないようだ。」(Hubert (Pierre) 1810, p. 258) ピエール・ユベールのアリの奴隷制についての言説から、人間社会の奴隷制の残酷さには憤慨しているが、奴隷制そのものには異議をとなえていないことがうかがえる。

ジュリアン＝ジョセフ・ヴィレーもまた「自然は、さまざまの種のアリのあいだに奴隷制をつくったようだが」、これらの奴隷は実際のところ新しい国家の市民になっていることをしめそうとする。隷属の問題は、彼にとっては、カースト間の表面的な不平等と「奴隷」の境遇につきる。「それぞれのカーストにははっきり決まった役割があって、熱心にそれに取り組んでいて、上位のものは下位のものより自由でもなければ、支配者として振る舞っているわけでもない」。彼は、そうした好ましい状況を、一方が「他方を隷属させている人間」よりはましなものとして対置させる（Virey 1819）。ルプルティエ・ド・サン・ファルジョーは、もっと鉄面皮で、奴隷制のなかに、理性のない動物が有する比較の才をみる。「休息の快楽を感じとり、疲れているときに家事労働をうけおってくれる愛情あふれる召使を獲得することを思いたった」昆虫を賞賛する（Lepeletier de Saint-Fargeau 1836, p. 100）。これらの奴隷たちは幼いときに捕らえられ、「自分たちが仕えている国しか知らないので」、そのなかから新しい解放者が現れる危険はまったくない（Lepletier de Saint-Fargeau, *ibid*）。アルマン・ド・カトルファージュは同じようなレトリックをつかい、『博物学者の回想』のなかで、「むかしの戦士のごとく気ままな生活を送っている」アリたちは、彼らのように「奴隷に仕えさせるすべ」を心得ている、とのべる（Quatrefages 1854, p. 237-238）。

ミシュレの反応はまったく異なる。ピエール・ユベールの記述を読んでアリにおける奴隷制を知り、論戦にのりだす（一九九八年に公刊された、ミシュレの一八五六年から一八五七年の書簡は、『虫』の執筆時にミシュレがピエール・ユベールの本を重要視していたことを明かしている。Michelet 1998, p. 379-380)。驚きより憤慨がこみあげてくる。無垢をさがしだすために自然に目を向けたのに、見つけたのは、「名状しがたいものだ!」(Michelet 1858, p. 260)。奴隷制を擁護する人たちの勝ちほこるようすが頭にうかぶ。怒りにかられて、ミシュレはユベールの著作を攻撃する。ついに、このことをもっと詳細に検証しようと決心する。奴隷制には、醜悪なものと、牧歌的なものがある、と入念に区別した。アリがアブラムシを保護し、アブラムシのわき腹をさすって甘い汁を吸う、これほど当たり前のことがあるだろうか。「奴隷ではなく、動物性だ」、ずばりそう言い放つ(Michelet 1858, p. 262)。ついで、ピエール・ユベールの発見を自分なりに解説し、異種が混在するアリの巣について語り、「品行のよい奴隷」が、「野蛮なアリの兵士をいつくしみ」、その子どもたちの世話をしているさまに驚嘆する。さらに彼は奴隷制を労働の分業でもって説明しようとする。アリの巣はすべて少なくとも三つのカーストを含む。オス、「生殖能力のある」メス、「働く処女」集団。ミシュレによれば、この集団こそが「正真正銘の人民」で、兵士階級と労働階級とに分かれる。だから、奴隷を連れてくるアリはおそるべき集団で、あちこち移動した結果、なくてはならない労働アリが不足する結果となったのだろう、彼はそう示唆する。「だから、これらのアリたちは、絶滅をまぬがれるために、灰黒色の子どもを盗みだす。そして、たしかに、この黒アリたちの世話になっているが、支配しているのも黒アリたちだ。」(Michelet 1858, p. 272)

したがって、自然は奴隷制を正当化するどころか、ものごとを逆転させて、主人を奴隷に従属させることで、奴隷制の醜悪さを糾弾しているのだ。ミシュレが歴史を離れて自然に向かうのは、自然のなかに歴史をみいだすためにすぎない。ロラン・バルトが指摘しているとおりだ。「ミシュレは道徳を自然現象とみなすのではなく、自然を道徳に仕立てるのである。」(Barthes 1954, p. 35) 社会性昆虫にかんして、道徳を自然現象として説明している例は、マルセラン・ベルトロにみることができる。政治家としても化学者としても著名な人物で、余暇を昆虫の観察に費やしていた。ベルトロは一八八六年『科学と哲学』というタイトルで論文集を出したが、その一編は「動物都市とその進化」である(Berthelot 1886, p. 172-184. マルセラン・ベルトロにおける科学と哲学については、Petit 2007)。ベルトロによれば、人間社会と動物社会との比較は、同じ社会性の本能をしめしている。それは、ルソーの社会契約論の「夢想じみた」仮説よりはるかに社会的事象を表現している。ベルトロは、変化をこうむる人間社会と常に一定している動物の社会とは対照的だとする、例の反論をこころえていて、パリの近くの森のなかで偶然に観察したアリの巣の変遷を論拠にして、対抗した。それから十年ほどして、『科学と道徳』と題したもう一冊の論文集のなかで、アリの来襲について書いている(Berthelot 1897. ベルトロにはスズメバチ研究もある。Berthelot 1905)。人間の社会と比較するのなら、ミツバチの巣よりもアリの巣のほうがいい、ミツバチの巣は画一的な規則に支配されているが、アリの社会には個体が主導権を発揮する余地があるからだ、と説明する。一九〇三年、マルセラン・ベルトロは、ミシュレの『虫』の再版に協力する。それは彼にとって、ミシュレを称えながらも、自分自身の考えを象徴するものを自然のなかに求めようとするミシュレの発想を批判するのに格好の機会だった。

とはいえ、ロラン・バルトの指摘があてはまる理論家はミシュレだけではない。ダーウィンでさえ、自然のなかに道徳的価値観をもちこまずにはいられなかった。たとえば、『種の起源』第一版（一八五九）のなかで、ダーウィンはピエール・ユベールの研究にもとづいて、ある種のアリがもつ奴隷制の本能について論じ、これらのアリの祖先は、異種のアリの卵を自分たちの食糧にするために略奪して保存していただけなのだろうと考える（ユベールの英訳とダーウィンがそれを読んだことは、Clark 1997を参照）。卵からかえった幼虫の一部が成長してハタラキアリになり、本能的に知っている作業を見も知らぬ巣のなかでいとなんでいるにちがいない。ダーウィンは、ひとつの行動形態を、ひとつの器官の形成と同様の論理でもって説明していた。道徳への言及は、付随的な指摘のなかにあらわれる。ダーウィンは、ピエール・ユベールの観察を自分自身で再度実験してみたいと思っていた。これほど驚異的でこれほど醜悪な本能が存在しうるかどうか、疑問をいだかずにはいられなかったからだ(Darwin 1859, p. 220)。この発言には驚かされる。自然の事象は醜悪ではありえないなどとどうしていえるのだろう。自然になんらかの道徳的価値をあたえているからではないか。

進化と社会

道徳的自然観は、ジャン＝アンリ・ファーブルの多くの考察に内在している。たとえば、『昆虫記』の「マツノギョウレツケムシガ」にかんする箇処がそうだ（第六巻十九章）。

ファーブルは、夏の産卵、そして、その数週間後の孵化について述べている。冷気のおとずれとともに、冬をすごすための共同の棲みかとしての巣をつくるようすを語る。長い行列をなして木のうえを移動するので、その数が多すぎるときには、たいへんな害をおよぼす。さらにファーブルは、ケムシがサナギになり、そこからマツガと呼ばれる蛾が発生し、交尾して産卵し新しい世代が生まれ……、命のサイクルが終わるまでを描きだす。ファーブルがとくに目をつけたのは、ケムシによる巣の構築である。

松の木のうえで、針葉がちょうどよいぐあいにかたまって密生している小枝の先端が選ばれる。ケムシは糸をつむぎ、その箇処を粗い網でつつんでゆき、隣りの葉も少しばかりおりまげてひきよせ、網のなかにしっかりと取り込む。そんなふうに、糸と葉が半々に織りこまれ、厳しい気候に耐えうる棲みかができあがる。

これほど入念につくられた構築物を、その最初の居住者たちは決然としてまもりぬくにちがいない、人はそう思うだろう。ところが、そうではないのだ。ファーブルは、ある枝からケムシをひとかたまり取りだし、すでに居住者がいる巣のなかに入れてみたが、新参者たちが同族の攻撃をうけることはなかった。「すべてはみんなのために」、あるいは、「各人はみんなのために、みんなは各人のために」というスローガンは、ケムシの社会生活をみちびいているようであり、「そこには抗争のもとになる所有物」は存在せず、「完璧な共産主義」を実践している。この鱗翅目の幼虫の社会的行動を研究しながら、ファーブルは政治哲学へと脇道にそれてゆく。彼は最初から経験論哲学の立場をとる。「論理よりも幻想で頭がいっぱいの寛大な人たち」が、「共産主義を人間の貧困に対する最大の治療薬」として提案しているのを耳にする。だが、マツノギョウレツケムシのあいだで共産主義が可能なのは、このケムシたちには「食糧の問題」がなく、一食は松の針葉一本でことたり、しかも、「家族というものをまったく知らない」からにほかならない、ファーブルはそう指摘する。母親になると、まず子どものことを考えなければならない。所有物も、家族も、性的関係もないので、マツノギョウレツケムシは、ファーブルの目には、画一性と均等を実践しているのであり、それを人間にあてはめようとするのは、不可能だし、望ましいことでもない、と結論する。

昆虫の世界の観察をつうじて、ファーブルとダーウィンの政治的感受性をかいまみることができる。しかし、両者を分かつものは決定的だ。この二人が相互に敬意をいだいていることはまちがいない。はやくも『種の起源』の第一版でダーウィンは、膜翅目が異種の集団が掘った巣を利用して、自分たちの幼虫に必要な食糧を確保するという行動にかんする、このフランスの同僚の観察を、信頼にあたいするものとしてとりあげている（Darwin 1859, p. 218）。

二人の人物のあいだに丁重な往復書簡が交わされる。一八七一年ダーウィンは『人間の由来』のなかで膜翅目（ツチスガリ）のオスのメスを所有するための戦いにかんするファーブルの記述を引き合いにだして、「比類なき観察者」とたたえている（Darwin 1871, vol I, p. 364. この言い回しと、自然科学者二人の関係については、Tort 2002, p. 147-168; Yavetz 1988 1991)。

『昆虫記』の著者のほうも、ダーウィンの「性格の気高さ」と「学者としての清廉さ」に対してふかい敬意をはらい、「思慮深い観察者」と称している(第二巻七章)。しかしファーブルはきっぱりと言う。「私がこの目で見たことがらからすれば、ダーウィンの理論には同意しがたい。」ファーブルがカマキリの性交後の共食いについて思いをめぐらせながら、それは石炭紀、つまり原始時代の名残だろうと考えるとき(第五巻十九章)、ダーウィン説に接近しているような感じをうけるかもしれない。だが、行動形態の変化を生物の段階的な創造とおりあわせるという考えは、変異をともなう子孫というダーウィンの説とはまったく異なる(Tort 2002, p. 263)。

進化論を否定するファーブルの考え方は、その当時でも少数派だった。アナーキストの地理学者ピョートル・クロポトキンや、すでに述べたベルギーの詩人メーテルリンクなど、他の著者たちはダーウィン説をもっと好意的にうけとめていた。メーテルリンクは進化説に完全に同意していたわけではないが、この説をうわまわるものがないのだから、理論不在よりもこの説をうけいれたほうがいい、と考えていた(Maeterlinck [1901]1963, p. 213)。クロポトキンのほうははるかに断固とした進化論者で、ダーウィンを賞賛し、そこに自説をつけくわえようと試みた。その著作『相互扶助論』のなかで、クロポトキンは、中世の自由都市から労働者の結社にいたるまで、相互扶助の利点を詳述する前に、冒頭の二章を「動物における相互扶助」にあてている。社会性昆虫については、十数ページが割かれている(Kropotkine 1979, p. 11-20, p. 327-336. 英語版原書は一九〇二年刊)。

ミツバチの場合、進化がもたらした最大のものは、孤独な生活様式――いまでもミツバチの大多数の種はそのままだが――から徐々に社会生活へと移行してゆき、それは巣のなかで驚異的な仕方で展開されている。メーテルリンクはこの進化を人間の進化と比較する。どちらについても、機構はしだいに大きなものになり、個々の成員はいっそうの安全を得るが、自律性は減少する（Maeterlinck [1901] 1963, p. 233）。

個人の欲求と集団の安全との対立は、昆虫の社会にも人間の社会にもあてはまり、精神分析学の枠内に導入された。デルヴィス・ブロートンという人物が一九二七年ジークムント・フロイトに宛てた手紙が、同じ年にマリー・ボナパルトによってフランス語に翻訳され、『フランス精神分析学誌』に掲載された（ドイツ語訳はその翌年『イマーゴ』誌に掲載）。最近になってレミー・アムルーがこの論文を発見し分析して、『ゲスネルス』誌に論文を書いた（Amouroux 2007. Delves Broughton 1927, 1928も参照）。フロイトに宛てて手紙を書いたこの人物は、メーテルリンクの『ミツバチの生活』と『シロアリの生活』を基本的な情報源として、ハタラキアリやハタラキバチに受けいれさせている性行為なしの生活は、集団にとって有用であり、ミツバチやシロアリの巣は昇華のメカニズムで機能しているのではないかという仮説をたてている。精神分析学から借用した他の用語（リビドー、原始群、肛門期、退行、同一視……）が、この仮説をささえている。

これとはまったく異なる概念の世界で、アンリ・ベルクソンは昆虫の進化と人類の進化との対照性を強調する。はやくも一九〇七年、彼は『創造的進化』のなかでこのテーマにふれている。ベルクソンはとくに内省と直観の哲学者とみなされている。彼は神秘主義に対してある種の賞賛の念をしめしていることが知られていて、科学には懐疑的だとおもわれている。ところが、最近の研究がしめしているように、ベルクソンは文化のなかに科学的論議の場をつくりだそうとしていただけでなく、彼の哲学自体、科学、とくに生物科学に注意ぶかい目をむけていた（Petit 1988, Petit 1991, Petit 1999）。

ベルクソンが第一線の科学書を読んで得た博物学の知識は、その著書『創造的進化』の昆虫について書かれたページにみるとおりだ。狩りバチが昆虫を麻痺させて、そこに産卵することにかんして、『昆虫記』の記述が何度もとりあげられている（Bergson［1907］1962, p. 173-175. 第二章）。ベルクソンは、メーテルリンクのように暗々裏に、けれどメーテルリンクよりはるかにきっぱりと、ファーブルとたもとを分かっていた。まず、とくにハチについては、アナバチがケムシを殺したり、半分麻痺させたりするのを観察した他の著者たちの例もあげている（ベルクソンがあげている参照文献は《Peckham, Wasps, solitary and social,》Westminster, 1905, p. 28 et suiv. この本文はオンラインで見られる。〈http://www.biodivaersitylibrary.org/item/17996#page/10/mode/1up〉）。さらに、ここが肝心なところだが、ベルクソンは、進化説を、生物の歴史を考察するのにふさわしい枠組みとみなしていた。生物の歴史には、彼の考えでは、ふたつの大きな分岐がある。まず、動物と植物とを隔てる分岐、つぎに、動物のあいだで節足動物と脊椎動物との分岐である。ベルクソンにとって、最初のルートは本能の方向にすすみ、膜翅目に達する。二番目のルートは知性の方向にすすみ、人類に達する（Bergson［1907］1962, chap. II, p. 135）。それから数年たった一九一一年、ベルクソンはバーミンガム大学で個人と社会について講演し、それは、一九一九年、論文集『精神のエネルギー』に入れられた。

社会は個人を従わせないかぎり存続できず、個人を自由にさせておかないかぎり進歩できず、この相対立する必要性はおり合わされなければならない。昆虫においては、第一の条件のみが満たされている。アリやハチの社会はみごとに統合され、規律がとれているが、不動の慣習の型にはめられている。（Bergson［1919］1964, p. 26）

ベルクソンはこのテーマによほど執着していたらしく、一九三二年、『道徳と宗教の二源泉』で人間社会と昆虫社会との対比についてふたたびふれている。

無理な類比をすべきではないが、膜翅目の仲間は動物進化のふたつの基本的なルートの終着点、人間社会はもういっぽうのルートの先端に位置し、この意味で両者は対照的である。おそらく前者は定型にはまり、後者はさまざまな形態をもつ。前者がよりどころとするのは本能であり、後者は知性である。（Bergson［1932］1962, p. 283）

つまり、ベルクソンは社会性昆虫に場をあたえることで、生物の直線的進化という神話を退けているとみなすことができるだろう。

ベルクソンの哲学は名声を博したにもかかわらず、動物界の進化は人類の方向にすすむルートもあれば、膜翅目のようになるルートもあるという考えが注目されることはなかった。これに対して、社会生物学の名で知られる、動物の社会行動の研究は、論議をひきおこし、論争のまとになった（本書の第七章参照）。社会生物学を批判する人たちは、「社会」という語を動物にもちいることに異をとなえる。たとえば、歴史家・哲学者のジャック・リュエランは、「その構成員の知性によって構築された」（Ruelland 2004, p. 64）ものでない限り、社会とはいえず、したがって、同種の動物の一見組織された単純な集団を、社会と呼ぶことには同意できないと主張する。

動物の社会？

こうした論争は、社会性昆虫にかんする研究や論説の騒然とした歴史の一環をなす。この分野には一目瞭然といえるようなものは何もないことを、論争の歴史は語っている。人間をその固有の特質を無視せずに、いかにして生物の世界に組みこむことができるか。言いかえると、どうすれば、擬人化におちいることなく、人間中心主義を避けることができるのか。昆虫にかんして「社会」を語ることは、くり返された擬人化へおちこむことではないのか。むかしの昆虫学の文献を解説するのに、社会という語をつかうのは、時代錯誤ではないのか。この批判にかんする反論として、こうした文脈での「社会」という語はすでに久しい以前から確立されていたと答えることができる。レオミュールの著作にすでに見られる（たとえばRéaumur 1928, p. 80-81）。一七九八年、『フランスのアリの歴史にかんする論考』の冒頭で、ラトレイユの筆のもとにあらわれる。

すべての昆虫のなかで、いちばん興味深く、いちばん研究にあたいするのは、社会生活をする昆虫である。文明をもつこれらの種は、放浪昆虫よりはばひろい能力と特殊な手腕を必要とする。(Latreille 1798, p. 5)

「文明」という語を昆虫にもちいるのは隠喩であり、「これらの種」をきわだたせる。「放浪昆虫」は都市に属していない。これはあくまでも隠喩に類する記述で、おおいに想像力に訴えかける。だから、革命時代の作家、ドラ＝キュビエールが、時代にみあった著作『ミツバチまたは幸福な政府』のなかで、「ミツバチはわれわれにとって雲と同じだ。誰もがそこに見たいものを見ている」と書いたのも驚くにあたらない（Dorat-Cubieres 1793, p. 19-20. 一七九二年に「自由の学校」で講じられた）。

これに対して、その一世紀後、アンドレ・ラランドの『哲学の技術と批判の語彙集』は社会を「相互協力と組織的関係をもつ個人からなる集団」と定義している。これは概念的な解説である。同じ論文で、ラランドは、養育社会、生殖社会、関係性社会といった、アルフレッド・エスピナスがおこなった動物社会の区別をとりこんだ（ラランドは社会のこうした諸類型を動物学者エドモン・ペリエの著作によるものとしている）。エスピナスに依拠することで、ラランドは、社会的現象の擬人的観点より、生物的事象としての機能的観点に与したのだ。

同じ時期に、エミール・デュルケームはこう書いている。「動物は社会性とはまったく無関係に生きているか、または、生まれつき個体にそなわっているメカニズムによって機能している単純な社会を形成している。」(Durkheim [1922] 1968, p. 42-43)

哺乳類や鳥類の社会的行動にかんする最近の研究は、動物社会のいわゆる単純性に疑問を投げかけた。しかし、まず人間社会と動物社会に共通するものは何かを定義し、つぎに、両者を分かつものは何かをつきつめる意義は、一般に認められていると考えてよいだろう。この仕方の難点は、極端な隠喩を助長しかねないことだ。オーギュスト゠アンリ・フォレルにしても、一九二三年にあらわした『アリの社会』において、危惧を禁じえないような仕方で、精神医学と昆虫学、優生学と社会改革とを関連づけている(Jansen 2001b 参照)。一九二六年、自然史博物館の教授ウージェーヌ・ルイ・ブーヴィエは『昆虫における共産主義』と題した論考を出版した。そのなかで、「共産主義者の昆虫」は実際「元首も、先導者も、警察も、法律もなしに、見事に調和のとれた無政府状態のなかで」生活している、と説明する(Bouvier 1926, p. 170-171)。一九四五年、ジエオ・ファヴァレルの『昆虫における民主主義と独裁』が出版された。著者はもと植民地行政官で、シロアリの独裁制と、アリの巣の「度のすぎた貪欲な民族主義」に、われらが「アリの共和制」の「信頼にもとづいた誠実で健全な組織」とを対置させている(Favarel 1945, p. 236)。

言語学者エミール・バンヴェニストの著述にも、人間社会をより広大な動物社会全体のなかにくみこみながらも、あくまで人間は特殊だとしておきたい意図がみえる。問題は、言語という概念を、他のいかなる種の動物をも除いて、人間だけに固有のものとみなすべきかどうかだ（「動物の情報伝達と人間の言語」、Benveniste 1966, p. 56-62. 初刊は雑誌『ディオジェーヌ』一九五二年。Frisch [1957] 1987 も参照）。そうなるとミツバチの情報伝達手段は、それを反証する例になりうる。バンヴェニストは、カール＝フォン・フリッシュの研究を要約して、「獲物を見つけた後」に巣に戻るハチに言及する。獲物のありかを仲間たちに知らせるダンスについて説明する。あくまでもこのオーストリアの昆虫学者の研究に依拠してだが、獲物が近くにあるときの輪をえがくダンスと、遠くにあるときの八の字をえがくダンスとを区別する。こうした動きのリズムがどのように距離にかかわるのか、どのように八の字の軸が太陽との関係でとるべき方向を指ししめすのかを説明し、バンヴェニストは結論する。

ミツバチは、いくつもの情報を含む正真正銘のメッセージを発し、そして理解しているようだ（……）。とくに注目すべき点は、ミツバチが象徴化された表現をもちいることだ。つまり、ミツバチの行動と、あたえられた情報の解釈とのあいだには「相互協約」の関連がある。（Benveniste 1966, p. 59）

とはいえ、バンヴェニストはすぐさま説明をくわえることを忘れない。「これらの観察を総合してみると、ミツバチにおいて発見された伝達手段と、われわれの言語とのあいだの根本的な相違がうかびあがる。」バンヴェニストは、ミツバチが有するのは「信号体系」にすぎず、その体系は、人間の言語と異なり、個々の要素に分解でき、それら要素をさらに細分解できるようなものではない、と強調する。

ミツバチのダンスが、言語のあらゆる特徴をもちあわせていないとしても、この言語学者にとって、「社会生活」をする昆虫に特徴的な情報伝達の手段であることはたしかなのである。

第五章　個体の本能と集団的知能

カール・マルクスは『資本論』で人間の労働を定義するため、クモやミツバチの活動と対比させる。クモは「織物工と同じような作業」をし、ミツバチは「巣房の構造から」、多くの大工より器用にふるまうようにみえる。けれど、マルクスの目には、人間の活動は、実現する前に考えられているという優位性を保っている。

しかしどんなに下手な大工にも、どれほど上手なミツバチよりも最初から優れている特徴がある。大工が［ミツバチのように］蠟で巣を作るとしても、彼はすでに頭の中でそれを作り終えているのである。労働がたどりつく結果は、労働者の想像のなかに観念としてあらかじめ存在している。労働者は自然に存在するさまざまな物の形態を変えるだけではない。労働者は自然に存在する物のうちに、自分の目的を実現するのである。この目的は法則のように彼の行為の種類とやり方を決定するのであり、彼はこの目的に自分の意志をしたがわせなければならない。（第一巻

第五章。フランソワ・ミッテランの本のタイトル『ミツバチと建築』は、カール・マルクスのこの文章を典拠にしている）

ここでマルクスが関連づけているクモとミツバチは、前に指摘したように節足動物のなかでまったく異なる位置をしめる。クモはクモ綱に属し、昆虫とはみなされていない。ミツバチのほうは、社会生活をする種もしない種も、昆虫綱のなかの膜翅目に属するひとつの科をなす。だが、分類学上の位置にもまして、クモとミツバチとでは、象徴的意味合いが異なる。マルクスの記述は、一六二〇年に出版されたフランシス・ベーコンの『ノヴム・オルガヌム』のなかの「アフォリズム九五」を想起させる。このイギリスの哲学者は、ミツバチの活動を、「庭や野原の花」から素材をとりだし変容させ消化するといった哲学のあり方になぞらえる。こうした変容の活動は、「自分自身の素材から」巣を編むクモとは対照的であり、アリのようにそこいらのものを集めてもちいる「経験主義者」の行為とも正反対なのだ。

クモとクモの巣

どんなクモでも巣をはるわけではなく、すべてのクモの巣が、よく知られているような完璧な幾何学的規則性をかたちづくっているわけではない。一九六〇年代に薬学者ペーター・ヴィットは、実験的にクモをカフェインやアルコールなどの薬物に触れさせて、巣の規則性が乱れることをしめした（ウィキペディアで「Toile d'araignée（クモの巣）」の項を参照）。しかし、ありとあらゆる空想や物語をうみだしたのは、クモが自分自身のからだを素材にしてつくる脆い構築物をめぐってであった。

古代ギリシア・ローマの伝説のなかで、クモが登場する話でいちばん名高いのは、オウィディウスの『変身物語』第六巻だろう。アラクネーという機織り女が、織物の女神アテーナーを凌ぐ腕前をみせたため、憤怒した女神がこの女をクモに変えてしまったというものだ（ほかの神話ではクモにもっと幸福な運命があてがわれた。クモにかんするあれこれについては、Rollard et Tardieu 2011, p. 156-161 参照）。まったく異なる観点で書かれているのは、フリードリッヒ・クリスティアン・レッサーの『昆虫の神学』である。一七四二年にフランス語に翻訳されたこの著作でも、クモが昆虫のなかに入れられているのは驚くにあたいしない。クモの巣の規則性が、幾何学の神が存在することの証拠として強調されているのが目にとまる。

それから一世紀して、この幾何学的規則性をファーブルもまた、創造の神が存在する論拠にしようとこころみる。『昆虫記』の第九巻には、幾つかの章にわたってオニグモについての記述がある。ヨーロッパの動物相の代表的なクモだ。第十章は巣の構築に言及する。「オニグモの巣の形状」は、「対《たい》数螺旋《すうらせん》をかたどる多角形」、ファーブルはそう称している。この解説はいささか性急にすぎる。アンモナイトやオウムガイの螺旋渦巻きとの類似性の指摘にしてもそうだ。平面に対数螺旋をえがくと、螺旋と螺旋の間隔は幾何級数的に増大する。ところが、クモの巣では、外側の螺旋は等間隔のようで、対数螺旋をおもわせるのは中心部だけだ。幾何学の歴史において、等間隔の螺旋を定義したのはアルキメデス、対数螺旋を定義したのはスイスの数学者ヤコブ・ベルヌーイとみなされている（対数螺旋については、以下参照。http://www.mathcurve.com/courbes2d/logarithmic/logarithmic.shtml）。けれど、ファーブルにとって肝要なことは、数学者が複雑な数式をもちいずには表せない構造を、クモがこともなげにつくりあげるのをしめすことだった。この章の最後の数ページに形而上学的な意図がはっきり顔をみせる。

神学的思想が背景にあったとしても、ファーブルの数学に対する関心が本物であることにはかわりない。彼は自然の形状のなかに数式や図形をこのんで見つけだしていた（彼自身も、ある章を「昆虫の幾何学」と名づけている）。この点にかんして、ファーブルの『昆虫記』のいくつかの箇処に、ダーシー・トムソンの著作との接点をみるおもいがする。ダーシー・トムソンの『生物のかたち』をしめくくるのはファーブルへの賛辞である。「古代の知恵」と「今日の知識」とをつなぎ、ピタゴラスとプラトンの伝統をひきながら、数字のなかに「宇宙の天蓋のカギ」を見ている「雄弁な長老」なのだ（Thompson 1992, p. 107-125. Thompson 2009, p. 125-139）。じつのところ、ダーシー・トムソンは自分の哲学的概念を気前よくファーブルにあてはめているだけで、このふたりの相違をいちばんよくしめしているのは、ミツバチの巣のかたちにかんする考え方だろう。

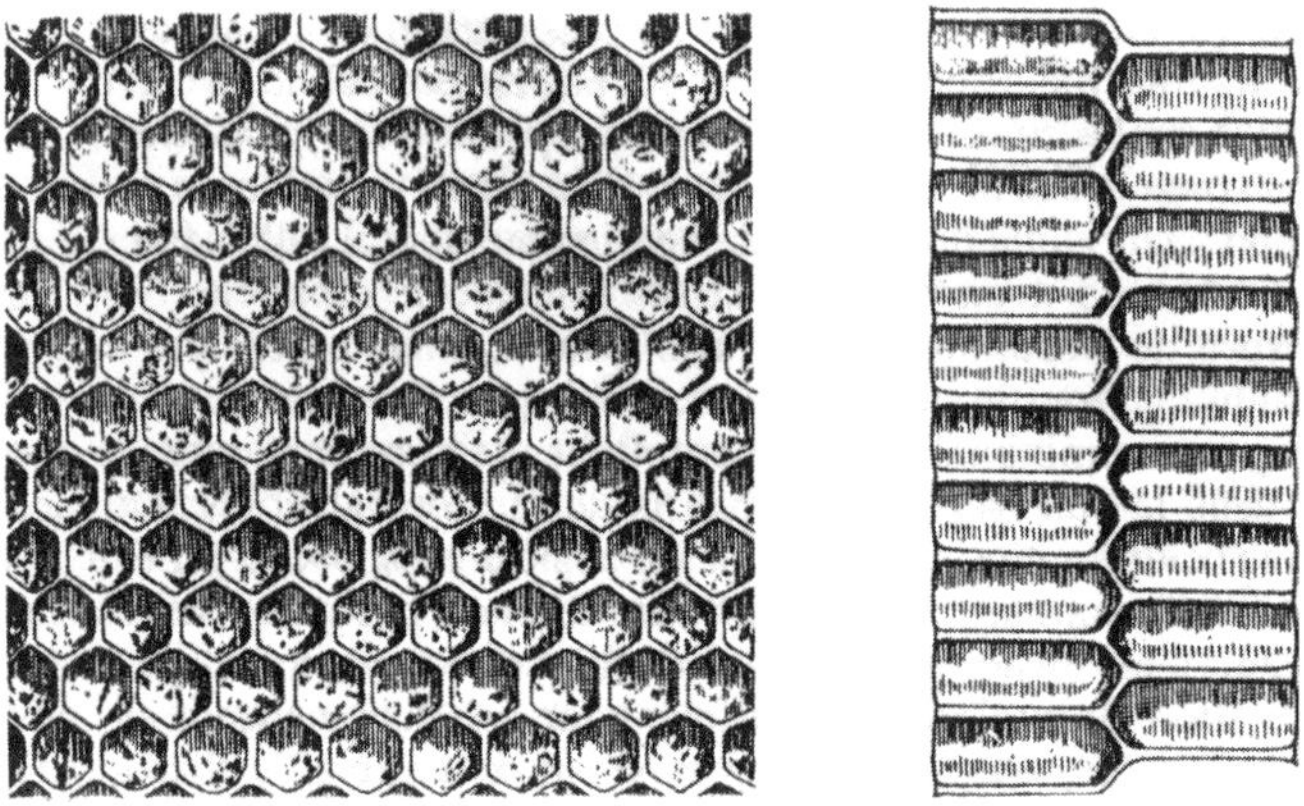

正面と側面から見た巣房の一部分　D'Arcy Thompson, 2009 より
巣房の六角形の形状により，壁を構成する蜜蠟が節約されている．

ミツバチと巣房

産卵や蜜の貯蔵のために巣房《すぼう》をつくり、それに典型的な幾何学的形状をあたえるというミツバチの能力が触発した研究や論争は、生物学史だけでなく数学史にもかかわるものだった（Darchen 1958. Prete 1990 も参照）。

規則的な巣房（Alvéole）――女性名詞としても男性名詞としても、もちいられる――は六角形である。六角形は、正方形や正三角形と同じように、等辺の多角形で、隙間を埋めあうので、同じ大きさの六角形のあいだに隙間が生じないのは周知のとおりだ。周囲の長さが同じなら、六角形は、正方形や正三角形より面積が大きいことも。

ここから分かることは、ミツバチの巣の巣房の六角形は、体積が同じならば、壁をつくる蜜蠟をいちばん節約することができる。古代最後の大幾何学者のひとり、アレキサンドリアのパップスは『数学著作集』の第五巻の序文で、この点を強調している（Pappus [1932] 1982, p. 237-239）。それから十五世紀を経て、神学者にして博物学者のジョン・レイは、天の智が確かに存在することをしめすために、パップスの説にはっきりと依拠した（Ray [1717] 1977, p. 132-133）。巣房はその幾何学的形状だけでなく、大きさが一定している点でも見事である。学者の世界が普遍的な測定の単位を必要としていた時代であり、レオミュールはミツバチの巣房を基準にしてはどうかと提案した。「古代人がそれを思いつかなかったのは残念だ。ギリシア人やローマ人が名声をはせていた時代に働いていたミツバチの巣房が、今日のミツバチがつくる巣房より大きかったり小さかったりしたはずはない」。さらにつけくわえて、「スワンメルダムが言っているように、テヴェノ氏もミツバチの巣房を測定の単位にすることを考えていた」（Réaumur 1740, livre V, 8e mémoire, p. 398-399）。十七世紀フランスの旅行家、外交官だったメルシセデック・テヴェノは、その学識の広さと、科学への関心で知られている。度量衡にかんして彼がとっていた立場は、近年になって詳しく分析された（Dew 2013）。

さらに、巣房をつくることは、その基底部をつくることでもある。基底部の両側に共通の壁で仕切られた巣房を互い違いに構築していく。よく観察すると、個々の巣房の底は、三つのひし形（ロンブとも呼ばれる）からなるピラミッドで、それぞれの巣房は、反対側に開いている隣り合わせる三つの巣房とこのピラミッドの基底を共有する。ひし形の角度によって巣房の底の先端をなす形が決まってくる。

実際の測定をおこなったのは、イタリア出身の天文学者ジャコーモ・フィリッポ・マラルディで、一七一二年、王立科学アカデミーで発表した「ミツバチにかんする観察」のなかで、二つの鋭角は七〇度、したがって二つの鈍角は一一〇度である、と発表した（Maraldi [1712]1731, p. 307）。レオミュールとドイツの若い数学者サムエル・ケーニッヒとの出会いのおかげで、この数字はきわめて重要なものとなる。ケーニッヒは一七四〇年四月号の『ジュルナル・エルヴェティック』のなかで語っている。

> シャトレ侯爵夫人とヴォルテールと私は、数日前、レオミュール氏に会いにシャラントンにでかけた。この器用な物理学者は、ミツバチの共和国の秘密を暴くのに役立つ人工の巣を見せてくれた。この生き物の経済について、レオミュールが発表しようとしていることは、みごとなもので、学識者をも無学な人びとをも驚かすだろう。その日の話し合いで、ミツバチが食糧をたくわえ、子どもを育てるための巣房とよばれる、小さな六角形がいかに規則的なものであるかを知って感嘆した。レオミュール氏は、この機会に、ごく簡単だが、きわめて興味ぶかい問題を私に提起した。ミツバチは巣房をもっとも完璧で、もっとも幾何学的な仕方で建設しているのかどうか、可能なすべての形状のなかで、巣房の空間を最大にし、しかも、使用する素材を最小にする形状を選んだのかどうか。（Koenig 1740, p. 356. この計算の教え方の説明は、Bessière 1963 参照）

何かの歴史的出来事を再現したかのようにおもわれるシーンだ。フランスでもっとも著名な作家のひとりヴォルテールと、魅力的で学識豊かな女性作家シャトレ侯爵夫人が、『昆虫誌』の著者を訪問し、それを語る数学者ケーニッヒに最適化の問題がゆだねられた。論文はさらにつづくが、ケーニッヒは、あきらかに社交界の軽い外見をたもつため、詳細な計算にはふれていない。ただ、この問題を「最大値と最小値の方法」で解いた結果、ひし形の鈍角の角度は一〇九度二六分、鋭角の角度は、七〇度三四分だったとだけ書いている。観察による数値と、算出した数値とは、ほぼ完璧に一致していることを強調しながら、新しい数学の方法を知るはずのない昆虫が、「自分たちには無縁の計算の結果をおどろくべき正確さで」知っていることに驚嘆する（Koenig 1740, p. 360）。そして、「智と知をそなえた至高の幾何学者」が采配をふるっているのだろうとまで推測する。ケーニッヒがこの例のなかにみてとったのは、「目的因の考察」にかんするライプニッツの「論述」である。それは「結果のありようを解きあかすには不十分」だが、「より短く、より少なく、よりよいものがあるときはいつも、自然がどのように働きかけたかを、確実にみつけだすのに役立つ、発明の原理」となるものだ。

（物理学の問題において目的因を役立てた例として、ケーニッヒは、「密度の異なる他のものを通過する」光線の経路にかんするライプニッツの解釈をあげている。光学ではよく知られている、この屈折の問題は、力学上の問いでは、最小作用の原理にかんするケーニッヒとモーペルチュイとが激論をかわした理論的手段と不可分である。この原理の発見をライプニッツのものとするケーニッヒに剽窃者よばわりされたモーペルチュイは、ライプニッツがヘルマンに宛てて書いた手紙を引き合いにだして、逆にケーニッヒを偽ものづくり

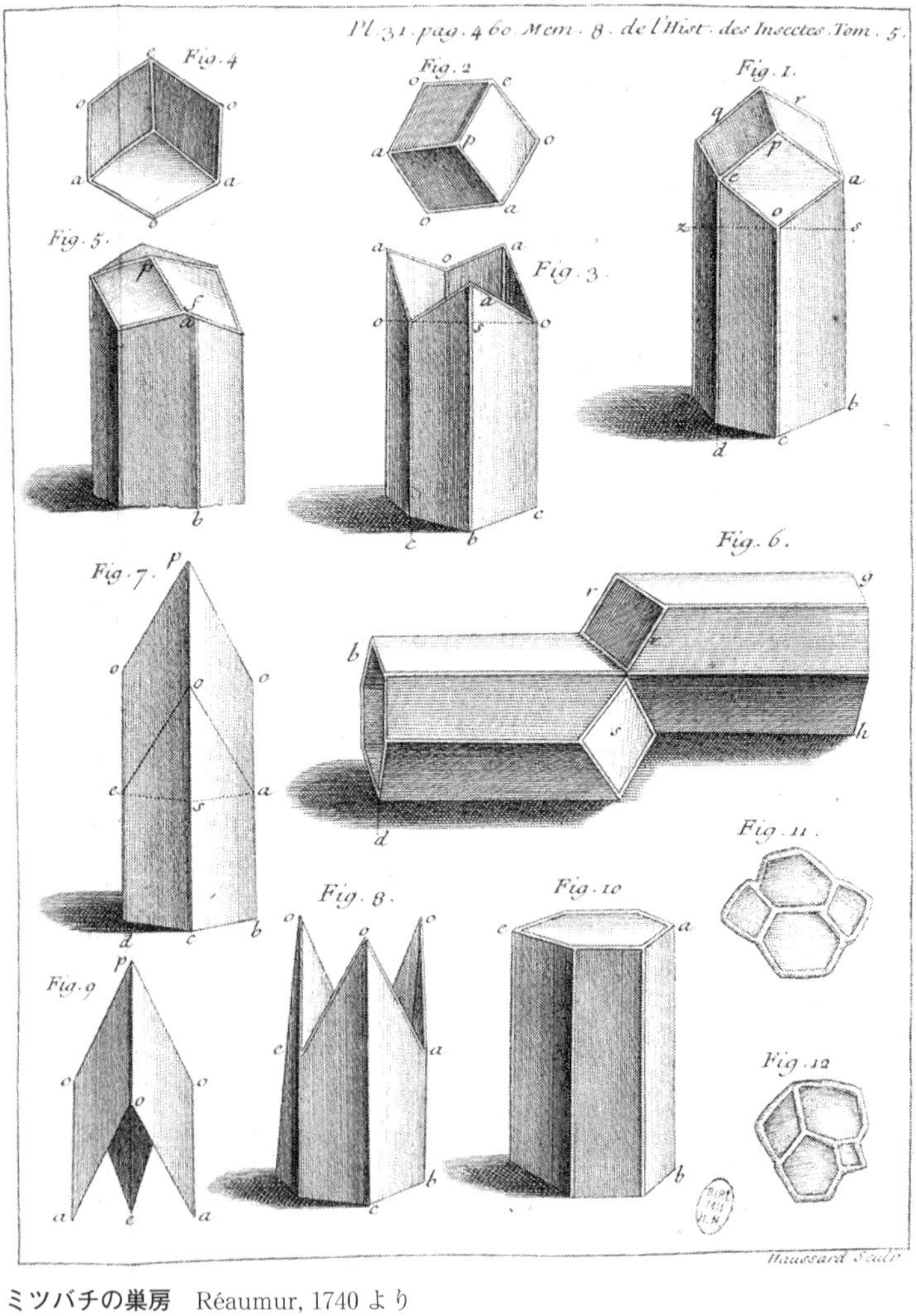

ミツバチの巣房　Réaumur, 1740 より
レオミュールはミツバチの巣房の幾何学的考察を提起した.

として糾弾した。この論争はヴォルテールを巻き添えにし、ヴォルテールはケーニッヒを支持したため、モーペルチュイに好意的だったフリードリッヒ二世の不興を買った。このエピソードの詳細については、Badinter 1999, Radelet de Grave 1998, Bousquet 2013 参照)。

フォントネルは、フランス科学アカデミーの終身書記として、ケーニッヒの研究について報告することになったが、ユーモアをこめ、人間の理性の優位性という考えをしのびこませずにはおかなかった。

といっても、ミツバチはそんなに知っているのだろうか、称えすぎるのは禁物だ。無限の知は、その命令にミツバチを無条件に従わせているだけで、自分たち自身で増大し、力を増す能力をまったくあたえていないではないか。その能力こそ、われわれの理性の誇りではないか。(Fontenelle 1741, p. 35)

フォントネルはこの発見から教訓をひきだし、「目的因、最良、最短時間、最短距離といったことは、物理学において有用でありうる」が、そのためには「好ましい見通しを生み出すのに役立つものでなければならない」し、そのことを検証しなければならない。ミツバチは節約して行動することをしめす、その原理は、それ自体きわめて節約してもちいなければならない。

こうしてフォントネルは、目的原因説の価値についてではなく、今日われわれが発見的価値と呼んでいるものにかんする批判的考察を素描した。このことをつうじて、ミツバチの巣房がひきおこした論争の哲学的側面を指摘したのである。それから半世紀を経て、フランソワ・ユベールもまたこのテーマは目的原因説の立場を有利にするものだと述べ、ミツバチの建造物の問題には、知性と感性というふたつの側面があることを強調した。「ミツバチの巣を支配する秩序と対称性そのものが、心と知性を満たしてくれる研究にいざなわずにはおかない。」(Huber (François) [1792]1796, p. 112)

しかしユベールは、ケーニッヒやマラルディをはじめとする人びとがおこなった研究を賞賛しながらも、彼らの計算結果が「これらの昆虫の労働」に厳密に適用できるかどうかを疑問視している。だが、それにもまして、ミツバチが厳格な節約をおこなっていると仮定すると、自然を「いささか狭い視点」でみることになってしまうのは残念だ。けれど、「近年の幾何学」は蜜蠟の節約を副次的なものとしかみなさず、そうした考え方のほうが「自然の創造主の自由な視点」と合致しているのは喜ばしい、と指摘する。

神が蜜蠟を少しばかり節約しているという発想に距離をおいているといっても、ユベールが神の摂理というものを否定していたと考えるべきではないだろう。彼の批判は、ビュフォンがすでに一七五三年に「動物の本性についての論説」のなかで展開している批判とはきわめて異なっている。このビュフォンの文は『博物誌』の第四巻に入れられているが、レオミュールに対する反論としてその序文でふれられている。この二人のライバル学者の対立をこえて、提起されていた問題は、科学の非宗教化であった。

ビュフォンの考えでは、ミツバチの社会生活とその共同作業は、「創造主がつくりあげた運動の法則の普遍的メカニズム」からくるものにほかならない（Buffon 1753, p. 98）。神は科学の分野から完全に除外されたわけではなかったが、機械的モデルの妥当性を保障する存在にすぎなくなった。昆虫の建造物には、神の意図も動物の意図もはたらいていない。同一の「自動運動する」一万の個体が「ある限られた範囲」でうごいていると想定しよう、とビュフォンは提案する。その一つひとつが、少なくとも「自己の存在を感じとる」最低限の能力をそなえているとしよう。それら一万個が規則的で釣り合いのとれた構築物をつくりあげることができるのは、めいめいができるかぎり他の者たちの邪魔にならないようにふるまいながらも、自己にとっていちばん快適なありかたをさがしもとめる結果にすぎない。

この機械論的なシミュレーションは、当時はまったく実地にうつせない思考だけの実験にすぎなかった。十分な説得力がないことを懸念して、ビュフォンはこの主題をおしすすめる。

さらにひとこと言うべきだろうか。ミツバチの巣房、この六角形はさんざん褒めちぎられ、称えられてきたが、私にとっては、そのこと自体が賞賛や感激に異をとなえる、さらなる論拠をもたらすだけだ。この形状がどんなに幾何学的で整然としたものに見えても、実際に考察のうえでもまちがいなくそうだが、それは自然界によくある、きわめて荒削りの産物にもみられる、かなり不完全な力学的結果にすぎない。水晶などの鉱石や塩《えん》も、その生成過程でいつもそうした形状

をとる。(Buffon 1753, p. 99. 結晶の幾何学的アプローチは、Hauy 1792 参照)

ふたたび想像力をはたらかせるよううながし、ビュフォンはこんな提案をする。容器にマメまたは他の円筒形の種子をぎっしり詰めこみ、水をそそいでから、煮沸する。そうすれば、ビュフォンの言にしたがえば、「六面体の柱」が詰まった状態になる。説明は「純粋に力学的」である。種子は「相互におよぼしあう圧力」によって六面体になるのだ。おなじように、個々のミツバチは「一定の空間のなかで可能なかぎりの空間」を得ようとするため、その巣房は必然的に六面体になるのであり、「その理由は相互圧迫と同じである」。

ビュフォンの力学的説明の前提となっている実験は、実現がむずかしく、結果は不確かだ。ミツバチは閉じた容器のなかの種子のような状態にはなく、活動的で、その行動こそが決定的だというのが、主要な反論である。

別のもうひとつのアプローチは、『種の起源』のなかで提起されている(Darwin 1859, p. 224-225)。ダーウィンも賞賛にとどまってはいない。彼の主張は、こうした現象に科学的説明をあたえようという意図を伴っていないとすれば、ほとんど自然神学をおもわせただろう。ダーウィンの科学的説明は、段階的な進化にもとづいていて、蜜を自分たちの殻に保存し、それに「蜜蠟の短い管」を付け足すだけのマルハナバチから、おどろくほど規則的な巣房をもつミツバチまでいたる。円筒形の巣房から六面体の巣房へと段階的に移行する可能性を証明するため、ダーウィンは、読者の幾何学的想像力に訴

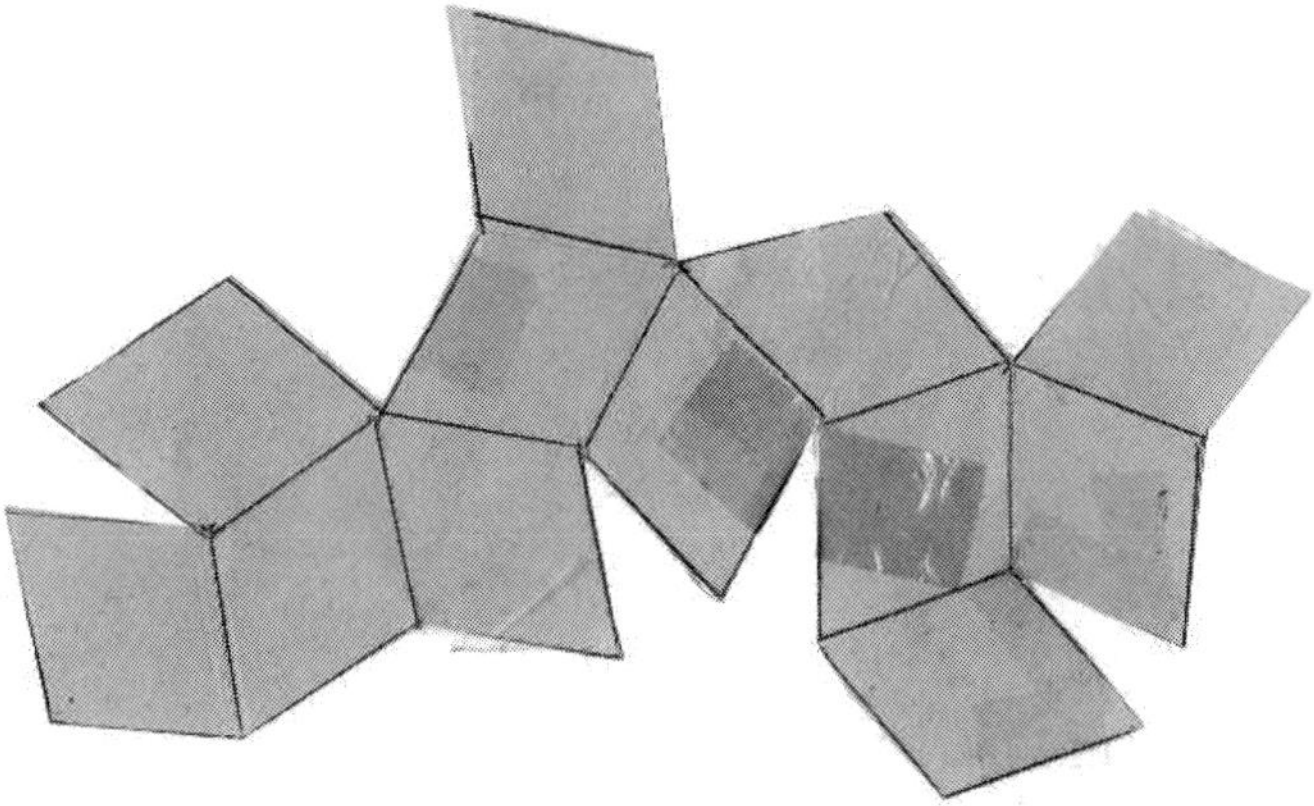

『チャールズ・ダーウィン書簡集』より　1858
結晶学者ミラーはダーウィンの幾何学的アプローチに助力し，厚紙を切り抜いた十二面体の型紙をしめした．

える。二つの平行な層に中心をもつ同じ大きさの球をいくつかえがき、その中心と中心の距離が、半径×$\sqrt{2}$〔つまり半径の長さを斜辺とする直角二等辺三角形の底辺の長さ〕とする。「こうして二つの層のいくつかの球のあいだに交差平面ができると、その結果として、六角柱の二重層ができる。それらは三つのひし形からなるピラミッド形の基底で結合されている。」その角度は、「ミツバチの巣房についてなされたもっとも正確な測定」と一致している（Darwin 1859, p. 226-227）。

この観点からすれば、メキシコ・ミツバチ（*Melipona domestica*）は中間段階に位置する。メキシコ・ミツバチの本能にどんな変更を加えれば、ミツバチの巣のような構造が建設できるかを考えてみることもできたはずだ。

ミツバチの巣の構築についてのこの研究において、ダーウィンは自分自身の観察とともに、他の博物学者の観察をも拠り所にしていた。たとえば、ミツバチに色をつけた蜜蠟をあたえ、どんな順序で建築がおこなわれるかを観察した実験を引き合いにだしている。ダーウィンはさまざまな博物学者に謝意を表しているが、なかでも、結晶学の専門家でケンブリッジ大学教授、ウィリアム・H・ミラーの名が目にとまる。ダーウィンを幾何学的アプローチへとみちびいた人物で、厚紙でつくった十二面体の型紙を見せてさえくれた（ミラーがダーウィンに宛てた一八五八年五月十四日付の手紙。Darwin 1991. 十二面体については、Hauy 1792 も参照）。

ダーウィンの研究法に、ファーブルは強く反発した。『昆虫記』の著者はあきらかに、ミツバチやアリはさほど対象にせず、千匹万匹という共同生活よりも、単独もしくは小さな家族で生活している昆虫のほうに興味をもっていたようだ（「ファーブルの著作においてアリがしめる位置は謎にみちている。アリは南フランスのいたるところに生息し、アリのきわめて幅ひろい多様性は、限りなく多様な行動様式の研究の素材をあたえていて、そのきわめて巧妙な社会生活の様式は、人間との対比、人間社会との対比に深い興味をいだいていたファーブルにとって、考察の尽きない源になりえたはずなのに、彼の著作には、社会性昆虫としてのアリはほとんど不在だ。くわえていえば、社会性をもつミツバチやスズメバチは、動物行動学者や社会生物学者や進化論者たちにおいても、しかるべき関心の対象の位置をしめていない。」Gomel, 2003）。単なる個人的な好みかもしれないし、大きな国家《シテ》に対する政治的不信感によるものかもしれない。ファーブルが社会性昆虫についてふれている若干のページが、巣の幾何学的構造にかんするものであることは、興味ぶかい。名指しはしていないが、ビュフォンやダーウィンの説をかいつまんで説明しながら、そうした説の不十分とおもわれる点を強調している。

ダーシー・トムソンが種々様々の説明のこころみを検討したうえで、物理学的観点からの形状の研究法に妥当性をあたえているのに対して、ファーブルは、天の知を体現したものとおもえる世界の秩序という考え方に依拠していた。科学的理論を神学的解釈にひきよせるという仕方は、本能という概念を論じる数多くの著者のなかにもみとめられる。

神の意図か、自然選択か

『昆虫の神学』の著者、フリードリッヒ・クリスティアン・レッサーについては、クモの巣のところですでにふれたが、彼は、昆虫の本能を、幕舎の調度品の製作を指揮した人物として聖書にでてくる工芸師ベツァルエルの才能になぞらえた（「出エジプト記」三十一章五―六節）。「神はかつてベツァルエルに対しておこなったことと同じことを昆虫におこなった、と言っても大げさではない」（Lesser 1742, vol. I, p. 348）。この類比でもって、レッサーは、昆虫の建造物は昆虫そのものの産物ではなく、創造主が昆虫に吹き込んだ知恵と技能に起因することを強調しようとした。こうした神学的解釈は、神の意図という超自然的要素をとりこんでいて、その点において、科学的にうけいれがたい。だが、科学的にうけいれがたいと決めつけたところで、本能という語を科学でいかに定義するかという問いに答えたことにはならない（本能という語と生物を機械のようにみる見方の関係は、シャーロット・スレーによって「機械かアリか？」の章で分析されている。Sleigh 2005, p. 143-166）。

『種の起源』の著者は、本能とは何かを定義できないことを詫びながらも、私たちには経験と学習を要する行為を、幼くて経験のない動物が成し遂げるとき、それは本能的と呼ぶことができると述べている。本能的行為と称することのできる、もうひとつの条件は、多数の個体が同じ仕方で、到達目標を知らないままに、成し遂げる行為である（Darwin 1859, p. 207-208）。この記述の補足として、ダーウィンは、「本能」と「習慣」との類似と相違について強調している。「かりに習慣的な行動が遺伝するものとすれば――そういう事例はありうると考える――、習慣と本能との元来の類似性は、きわめて密接なものとなり、両者の区別はすでに不可能だ。」（Darwin 1859, p. 209）

こうした本能と習慣の相違をしめすための架空の例として、ダーウィンは言う。かりにモーツァルトが「三歳でほんの少し練習しただけでピアノフォルテを弾いたのではなく、まったく練習せずに演じたのだとすれば、モーツァルトはまさしく本能的に弾いたと言っていいだろう。」（Darwin 1859, p. 209）個体のレベルでは、本能は学習せずにおこなう活動というかたちをとるが、同一の行動をうみだすという点では、種を特徴づけるものでもある。ダーウィンは「本能のわずかな変化」はおこりうるという仮説をたてる。形態の変化とおなじように、この点でも自然選択が機能する。つまり、「きわめて多くの、しかも有益な変異が徐々にゆっくりと蓄積」されなくてはならない。ミツバチやアリの驚異的な本能が一世代のあいだに獲得されるとは考えられないのはこのためだ。この主張は暗黙のうちにラマルクに向けられていて、その章の終わりのほうで、こんどは名指しでラマルクの説を引き合いにだす。ハタラキバチが獲得した能力を遺伝によって伝達すると仮定することは、ハタラキバチには生殖能力がないという事実と矛盾する。自然選択は、有能なハタラキバチを産む女王バチの巣に有利にはたらくという仮説をたてるダーウィンにとって、より無理のない反論である。

結局、用不用が形態にかかわるように、習慣は本能にかかわる。ラマルクと同種の思考。同種の限界。同じようにさまざまな形態の発生。自然選択の同じ役割。習慣と使用は、偶然の変異の自然選択に依存し、そして、自然選択がはたらく形態上の変異や本能の変異をひきおこす原因も、同じく未知なのだ。

博物学を研究する神学が天の息吹とよび、ファーブルが「動物の天才」（『昆虫記』第六巻十八章）と称したものについて、ダーウィンは慎重をつらぬき、答えをださなかった。しかし、これら多種多様な観点がうかびあがらせるのは、本能は個別的であるとともに、種に固有なものという性格をもつことだ。二十世紀に新しい表現が生まれる。多細胞の生物の個々の細胞がその個体の統一性をなしているのと同じように、種の個々の成員の本能がその社会の統一性をになっている。こうした対比を、一九二〇年代に多数の研究者が展開することになる。

個体と超個体

南アフリカの詩人・博物学者ウージェーヌ・マレーは「人間と同じように、シロアリの巣は本能の複合体であり」、ただ「うごきまわれないだけである」ことを証明しようとこころみた（Marais［1938］

1950, p. 90）。メーテルリンクの『シロアリの生活』の文献目録にはマレーの名は見えないが、この著作は、ミツバチの巣も、アリの巣も、シロアリの巣もそれぞれ一個の生体と考えてはどうかと提案している（Maeterlinck [1926] 1927, p. 144）。ほとんど同じ時期に、前述したようにアリにかんするレオミュールの手稿を発見したアメリカの昆虫学者ウィリアム・モートン・ウィーラーが、「超個体」という表現をもちいている（術語は新しいが、考えは昔からある。ウィーラー以前のアナロジーの歴史については、Perru 2003 参照。生体哲学については、Schlanger 1971 参照）。一九二六年、ウィーラーは昆虫の社会についてこう述べる。

> 昆虫の社会はおそらく、単純な後生動物《メタゾア》のように、境界、大きさ、構造、個体発生といったものが明確なかたちをとっていて、相互に依存しあう多形の要素からできているのだろう。したがって、それは「超個体」と呼ぶことができ、単独の後生動物と人間社会との中間に位置する点できわめて興味ぶかい。（Wheeler 1926, p. 375. じつに明快な歴史的分析なら、Theraulaz et Bonabeau 1999 参照）

超個体という概念は、エドワード・O・ウィルソンにも見られる（ウィルソンについては本書七章で後述）。ハキリアリ（*Atta cephalotes*）の群について記述し、女王アリはどんな指令もくだしていないこと、社会生活の計画はハタラキアリの脳のなかに割り当てられ、分割されたプログラムはそれぞれに適合し、釣り合いのとれた全体を形成しているとウィルソンは説明する。「個々のアリは、年齢と体の大きさにおうじて、自動的に特定の仕事を遂行し、それ以外の仕事を避けている」、と説明する（Wilson 1984）。さらにウィルソンはつけくわえる。「超個体の頭脳は社会全体であり、ハタラキアリはおおざっぱにいえば、神経細胞のようなものだ。」

この論文において、類比と対峙させられているのは、「アマゾンのハキリアリの機械的生活」というタイトルが物語る機械的視点である。

アリの群を超個体とみなすとすれば、昆虫の社会は、たんにものごとが展開する場であるばかりでなく、能動体としてもみなすことができる。そんなふうに超個体の理論は分かりやすいものにはなったが、期待されたほどの成果は生まなかった。一九七四年、レミー・ショーヴァンは、『コミュニカシオン』誌に掲載した総括的な論文のなかで、このことについてふれている。「超個体の理論が少なくとも現実に近いことを証明するのに多大な労力がついやされたが、どのケースにおいても満足のゆくようものではなかった。」（Chauvin 1974, p. 71）

シロアリの行動について造語された、より複雑な概念「スティグマジー」のほうが有効な説明を提供した。

実際、シロアリにおいて、建設のさまざまの活動がどのように制御されているかは、他の社会性昆虫の場合とおなじように、現実の問題である。「スティグマジー」は、ギリシア語のエルゴン（仕事）とスティグマ（刺傷）からなり、その理論は昆虫の個々の性格を共同行動の外観にむすびつけるための、ひとつの答えを提供する。それは、シロアリの建設活動を調整する間接的なコミュニケーション手段であり、そこに介在するのは、ひとつの生体の内部で伝達をになうホルモンのように、個体と個体とのあいだの伝達をはかるフェロモン（フェロモンについては本書三章で前述）という化学物質だ。建設中または修復中の巣穴で、まず一匹のシロアリが土のかたまりを置く。そのアリが発散するフェロモンに誘導されて二匹目のアリは、二番目のかたまりをあてずっぽうにではなく、最初のかたまりの上に置く。そんなふうにして土のかたまりが積みあげられ、徐々に柱がつくられる。スティグマジーという概念は、フランスの博物学者、ピエール＝ポール・グラセが一九五九年に発表した「シロアリ（ベリコシテルメス・ナタレンシ、クビテルネ）における巣の構築および個体間調整——スティグマジー論、巣をつくるシロアリにかんする試論」と題した論文においてである。グラセはこう書いている。「仕事の連携や建設の調整は、ハタラキアリが直接おこなっているのではなく、建設そのものに依拠している。ハタラキアリは自分で労働を指揮しているのではなく、労働によって指揮されているのである。」（Grasse 1959, p. 65. Theraulaz et Bonabeau 1999, p. 102 の引用による）

スティグマジー理論は、シロアリに限られるものではない。多くの著者にとって、それは、個別的には初歩的な行動しかしない生物が、きわめて巧みな集団行動をとるという、社会性昆虫の矛盾を解明する基本的な過程だ。建設ばかりでなく、アリが辿るルートの選択についても同様である。ジャン＝ルイ・ドヌブールとその研究グループがブリュッセルでおこなった実験は有名になった。エリック・ボナボーとギー・テロラーズは『プール・ラ・シアンス』誌でその実験をつぎのようにまとめている。

（……）アルゼンチン・アリ（*Linepithema humile*）は、餌のおかれた場所から、二つのルートで隔てられている。いっぽうのルートはもういっぽうのルートの二倍の長さがある。数分もすると、すべてのアリが短いほうのルートを選ぶ。どうしてか？　アリたちはフェロモンがつけられたルートをたどる。最初に短いほうの道を行き来したアリは、そのルートにフェロモンを二回つけ、それが他のアリたちを誘導する。その時間内には、長いほうのルートにはまだ一回しかフェロモンがつけられていないからだ。（Bonabeau et Theraulaz 2000, p. 68. Becker, Goss, Deneubourg, Pasteels 1989も参照）

類似した発想法で、デボラ・M・ゴードンの研究は、異なった労働（収穫、幼虫の世話、巣の建設や修復）をになうハタラキアリの数を算出した（Gordon 1996. デボラ・M・ゴードンとエドワード・O・ウィルソンとの論争については、シャーロット・スレーの分析が有用だろう。Sleigh 2005, p. 167-191）。その数は相互に依存していて、必要に応じて、日ごとに、いや時間ごとに変化する。個体がどんな仕事にとりかかるかは、年齢や遺伝子型によって決まるだけでなく、どんな出会いをするかによっても影響を受ける。巣をつくったり修繕したりするシロアリの場合のように、それはいわば集団的知能である。著者によっては、群知能と呼び、英語では「スウォーム・インテリジェンス」である（「スウォーム・インテリジェンス」については、Miller（Peter）2007 参照）。

個々の生体の初歩的な反応から知的な集団行動が生まれる仕方をさぐるために、アリを小さなロボットに置きかえたモデル実験がおこなわれた（Deneubourg *et al.* 1991 参照）。こうした状態がおもいおこさせるのは、一万匹の「オートマット」がミツバチの巣のような規則的で釣り合いのとれた作品をつくりだすと言っていたビュフォンである。しかし、そこによこたわる相違は大きい。ビュフォンが空想でおこなっていたものが、ほんとうの実験として実現されたからだ。

こうしたロボットの制作と使用は、脱自然化の過程を始動し、そのつぎの段階は、情報科学の発達で可能になったバーチャル・アリの出現だった。バーチャル・アリのおかげで、十九世紀半ばから論じられてきた問題がとりあつかえるようになったのだが、それにかんする記述と、歴史的経過は、一九五四年に発表されたアメリカの数学者ジョージ・ダンツィグの論文にみる。それはむかしながらの最適化の問題、つまり、さまざまの街をそれぞれ一回だけ通過することになっている商用旅行の最短のルートである。マルコ・ドリゴとその共同研究者たちは、アリの行動のコンピュータによるシミュレーションでこの問題にとりくんだ。街の交通網のなかに「個々別々のバーチャル・アリ」を放し、そのアリたちは自分が通過するルートの連結部に、これもまたバーチャルなフェロモンを残す。実験は何度もくり返され、前述した『プール・ラ・シアンス』誌に発表された論文は、試みが進むにつれて、「人工アリの行程は短くなってゆき、好まれるルートの出発点と到着点をむすぶ全行程は短縮される。」（Bonabeau et Theraulaz 2000, p. 69）

人工知能の専門家たちが「アリの群のアルゴリズム」と呼んでいるものに依拠してあつかった問題は、商用旅行の問題ばかりではない。たとえば、経路設定《ルーティング》、分配、物流の問題を解決するために社会性昆虫が利用された。そこから、「多面体リュックの問題のためのアリの群による最適化」といったようなタイトルの学術研究がなされた（Alaya, Solnon et Chedira [2005]2007 参照。つぎの要約が説明しているとおりだ。「目的は、ある種の能力の制約を考慮しながらも、有用な機能を最大になるような下位集団を選択することである。」）。こうした利用のあり方は、シミュレーションの分野にとどまっていて、昆虫学の発達そのものというよりも、昆虫学の情報科学への寄与だと考える昆虫学者もいるだろう。もっとも、ここで問われているのは、基本的に「最適」にかんする問題であることも指摘しておこう。ケーニッヒとフォントネルがミツバチ（*Mutatis mutandis*）の研究において、目的因は慎重に使用すべきだと説いたが、それは今日でも同じだ。シミュレーション実験の役割の重要性をみとめながらも、そこから性急に観念的または道徳的結論をくださないこと、これがこの分野でおこなわれた研究の教訓だろう。

デボラ・ゴードンが『ネイチャー』誌に発表した「上下関係のない統制」と題した論文をしめくくるにあたって、注意を喚起しているのも、この点である。

生命はどんなかたちをとろうと、無秩序にして複雑で奇想天外である。効率の完璧さを論じたり、生体のプロセスを他のものにさがしもとめたりするよりも、胚がはっきりした生体のかたちをとり、脳が学習し記憶し、アリが地球のいたるところに群がるのは、個々の生体組織がたいていの場合うまく機能しているからであり、われわれが追究すべきことは、それがどう機能しているかである。

昆虫の社会と他の人工組織体との類比は、どんな条件のもとなら有意義かを見きわめようとするこころみは、アンリ・アトランの最近の著作『ポスト・ゲノム生物——自動組織とはなにか?』にみることができる。アトランは科学が哲学にあたえる影響力に関心をいだき、自動組織のモデル化の研究者として知られていて、「ときには複雑さをきわめるアリやミツバチの建築物」の建設のような社会性昆虫の「《知的》集団行動」に言及している。「群の知能は、単純な個体の群から発生する集団的知能」であることを想起させ、こうつけくわえる。「こうした集団行動を人間社会におきかえるには、個々の生体の個別的な行動にかんする仮説の批判的分析が欠かせないのはこのためだ。」(Atlan 2011, p. 176)

アンリ・アトラン自身が言っているように、すべての人間の行動がこの種の分析に適しているわけではない。個人の行動の多くは、「単純でもなければ、ありきたりのものでもない」からだ。けれど、こうしたモデルは、「たとえば、車の交通や群集の動きのような、人間の集団的現象」(Atlan 2011, p. 78)の研究には適している。

擬人化を疑いたくなるような交通モデルだが、人間による昆虫の概念的利用とみなせるだろう。

第六章　戦いと同盟

「蚊などの害虫に論争する能力があれば、人間が創られたのはその血で自分たちを養うためだ」と結論することだろう。エミール・ブランシャールの筆によるこのピリッとした言葉は、益虫か害虫かといった単純すぎる昆虫の概念をゆさぶるのにふさわしい哲学寓話を素描している。だが、ブランシャールはすぐさまこの大胆なフィクションをすてさり、十九世紀の昆虫学の書物からうかびあがるイメージに合った言説にたちもどる。人間が自分を守るのは当然なのだから、「人間に害をおよぼす動物」を退治するのは「必要」であり、収穫物を守るのは正当だ（Blanchard［1868］1877, p. 14-15. Fabre［1873］1922 参照）。こうした戦いにおいて、人間には簡単な手段があり、その手段とは「敵を知る」ことだ、ブランシャールはそう主張する。つまり、昆虫学とは、戦略的知識なのだ。有益な種《しゅ》のほうは、「有害な種を殺す」もの、あるいは、染料や医薬はもちろんのこと、蜂蜜や絹などを提供してくれる動物だ。ブランシャールの時代から一世紀を経て、昆虫学の専門知識は、ときには予期しなかったことに役立てられるようになった。たとえば、法医昆虫学は、つぎつぎに死体にたかる昆虫から、死亡の時期を推定する（法医昆虫学については、Gaudry 2010 と Benecke 2001 参照）。

蜂蜜、蜜蠟、絹

「口に苦いものは、体によい。」治療の効果と治療がもたらす不快感とは不可分なことをあらわす近代科学成立以前の表象を、ガストン・バシュラールはそう要約した（Bachelard［1938］1969, p. 199-200）。一般的な見方では、蜂蜜は薬でありながら、ほとんど嗜好品といえる食べものなので、矛盾する現実だ。

矛盾する現実、それは、ハチの巣があたえるもうひとつの産物である蜜蠟にもあてはまり、蜜蠟はどんなかたちでもとりうる。デカルトは、「広がり」でもって物質を定義しようとする自分の方法を説明し、その論拠をしめすために、「ハチの巣から取りだされたばかりの蜜蠟のかたまり」を例にあげる。蜜蠟は「内包する蜜のやわらかさをまだ失っていないし、吸いだした花の香のようなものをまだとどめている」（『省察』一六四一、「第二の省察」）。火に近づけると、蜜蠟は溶けはじめ、視覚的にも、嗅覚的にも、味覚的にも変質する。デカルトは結論する。「残されているのは、無定形で、可変性の広がりだけである。」物質が広がりでもって定義されるというのは、デカルト哲学の基本的な命題で、どんな物質的現実にもあてまるとされていた、けれど、その例として蜜蠟を選んだことには特別な重要性がある。木材の断片や金属のかたまりの形をかえるには、いろいろの手順が必要で、たぶん道具も使わなければならないだろう。蜜蠟がほかのものと異なっているのは、その柔軟性のおかげで、物質のさまざまな性質を具体的にみせてくれることだ。

野生のミツバチや養蜂の巣から、伝統的方法または近代的方法での蜂蜜と蜜蠟の採取は、きわめて多数の文化圏でおこなわれてきたのに対し（養蜂の歴史については、Gould（James）& Gould（Carol）［1988］1993, p. 8-25 参照。ミツバチは「ミツバエ」とも呼ばれた。ピエール・デオムとクリスティーヌ・デオムによる『ラ・ユロット』誌のミツバチ特集号のユーモラスなタイトルはここからきている。No 28-29, 2ᵉ semestre 2010). Déom［1975］2010 参照）、紀元前数世紀に中国の職人が発明した絹の製法は長いあいだ秘密にされていた。ローマ時代末期のヨーロッパは、この贅沢で実用的な織物に惹かれるようになったが、自分たちで生産することができず、入手するには、間接的にであれ、極東と接触しなければならなかった。そこで出現したのが、かの伝説的な絹の道だ（Favier 1991 参照。Huyghe et Huyghe 2006, p. 157-183）。道というよりは、交通網のようなもので、その要路でさまざまな情景や逸話が生まれた。アンチオキアの城塞から万里の長城まで、トレビゾンドの港からサマルカンドのモスクまで、絹の取引が交通路を開くにつれて、政治的協定がかわされ、宗教思想が伝播し、未知の地域の探検がおこなわれた。ユーラシア大陸を股にかけた交易、そしてその立役者がカイコガの幼虫なのだ。ルネサンス時代、カイコの餌になる桑の栽培がイタリアと南フランスにひろがった。オリヴィエ・ド・セールが書いているように、「ブドウの木が生育する地域は、絹の生産が可能」なのだ（Serres（Olivier de）［1600］2001, p. 713）。セールの『農業経営論』は「絹を生産する餌の採取」にひとつの章を割いている（Serres（Olivier de）［1600］2001, p. 710-770）。アンリ四世の大臣シュリ公は桑の栽培とカイコの飼育を促進して、アンリ王の賢明さをフランス人の記憶にうえつけた。それは、科学的専門性にもとづく経済発展政策の最初のこころみのひとつだった（アンリ四世治下のフランスについては、Duby 1971, vol. II, Chap. III et IV参照）。オリヴィエ・ド・セールから二世紀半して、カイコの病気が発生し、ふたたび公権力が介入した。名声を獲得する前のルイ・パストゥールがフランスの蚕産業を救う任務を負う。パストゥールはジャン゠アンリ・ファーブルに会う。ファーブルは、このパリの化学者がカイコの生物学についてまったく無知なことを知る。パストゥールは繭《まゆ》を見たことさえなく、耳のそばで振ってみて、びっくりする。「なかになにかあるのですか　―もちろんです　―なんですか　―蛹《さなぎ》です　―蛹ってどんなものですか?……」にもかかわらず、パストゥールは顕微鏡による観察でカイコの飼育の衛生法に革命をおこした、この南仏の昆虫学者はそう強調する（Fabre 1925, 9e série, chap. XXIII, p. 347-348）。ファーブルにとって、このエピソードは、観察によって得た知識――顕微鏡によるものもふくめて――は、書物から前もって得た知識より重要であることをしめすものだった。けれど、そういったエピステモロジックな教訓にもまして意義深いのは、絹というきわめて経済的価値が高い産物が、専門的研究にゆだねられたことだった。また、アリスティド・ブリュアン作詞作曲の歌で、その名を不滅にしたリヨンの絹織工は、「古い世界の埋葬に使う布」を、この高価な繊維で織ることを誓う。そこにあるのは、カイコの社会文化史をえがく素材である。模範をしめすものとして、エレーヌ・ペランの綿につくゾウムシにかんする論考や、シャーロット・スレーのアリにかんする著作や、イヴ・カンブフォールのコガネムシにかんする著作がある（Perrin 2008, 2009; Sleigh［2003］2005, Cambefort 1994）。

さらにいえば、伝統的な薬品のなかには、昆虫からとりだした薬もあった。昆虫学の治療法への適用は、最近の研究によってふたたび注目され、ひろがりをみせている（Barataud 2004 は最近の研究の概観を、とりわけロラン・ルポリの研究を教えてくれる。Lupoli 2011 参照）。あまり知られていないが、ヒロズキンバエ（*Lucilia sericata*）の幼虫を使って傷口を浄化できることが、獣医学の方法として医学的に検証されている。抗生物質が発明された後、これらの幼虫はないがしろにされてきたが、再発見されて、包帯するときの殺菌剤としてもちいられている。

害虫と病原体の媒介動物

ミツバチと絹は、甘さと贅沢の同義語だが、昆虫の多くは、荒廃や破壊のイメージを浮かびあがらせる。それも古代からのことで、聖書の「出エジプト記」にみるとおりだ。主《しゅ》がユダヤの民の脱出をファラオに認めさせるために、エジプトに科した十の災いのうち、三つが昆虫と関係している。三番目の災いはブヨ、四番目がアブ、そして八番目がバッタ。バッタ——実際はイナゴ——の大群の侵入は、通常はさほど有害でないものが、破滅的な仕方でひきおこされる情景をえがいている。

モーセがエジプトの地に杖を向けると、主はまる一昼夜、東風を吹かせた。朝になると、東風がイナゴの大群をはこんできた。（……）。このようにおびただしいイナゴの大群は前にも後にもなかった。イナゴは地の面をすべて覆ったので、地は暗くなった。イナゴは地のあらゆる草、雹の害をまぬがれた木の実を食いつくしたので、木であれ、野の草であれ、エジプト全土のどこにも緑のものは何一つ残らなかった。（「出エジプト記」10, 12-15）

間接的にではあれ、聖書研究を継承している歴史学は、こうした記述が現実の出来事に根ざしたものかどうかを調査しつづけている。しかし、世界のこの地域でかなり頻繁だった現象がどのようにうけとめられていたかを語るものだとする可能性ものこしている（聖書にある「出エジプト記」の導入部参照。このエピソードにみえる昆虫の同定のためには、Courtin 2005a と Courtin 2005b 参照。Albouy 2006 も参照）。

昆虫の害がおよぶのは、生育している植物、貯蔵されている種子や穀物、建築材や織物の繊維……。多くの場合、それは聖書の記述が語っていることで、こうした競合は、人間集団のあいだの力関係をかえる。ヨーロッパのジャガイモの栽培に、アメリカ西部から侵入した鞘翅目のコロラドハムシは、ヨーロッパ人の記憶に刻みつけられた。同じようにアメリカからきた、半翅目のブドウネアブラムシは、フランスのブドウ栽培の地図を長期にわたって塗りかえてしまった（Carton, Sorensen, Smith (Janet) et Smith (Edward) 2007）。

昆虫が病原菌をはこぶとき、相互関係の網の目はさらに複雑なものになる（『Parassitologia』誌の「昆虫と病気」特集号に集められた論考の全体を参照。Coluzzi, Gachelin, Hardy et Opinel 2008）。中国で診療していたスコットランド出身の医師、パトリック・マンソンが研究した象皮病がその例だ。マラリアもそうで、この病気はあちこちに災いをまいた（ピエール・ペルティエとジョゼフ・カヴェントゥが一八二〇年キニーネを抽出したキナノキは長い間マラリアに対する唯一の治療薬だった）。マラリアの病原体は、プラスモジウム属の細菌であることを、フランスの軍医アルフォンス・ラヴランが発見してから、この微生物のライフサイクルの全体像が蚊の介在をもふくめて解明された。この分野で研究した著者たちのなかで、イタリアのジョヴァンニ・バッティスタ・グラッシと、イギリスのロナルド・ロスの名がひろく知られている。優先権をめぐる、このふたりの争いは、両者の研究法の相違をうきぼりにした。動物学者グラッシは、媒体となる蚊の種の特定において博物学上の厳密さに執着した。ロナルド・ロスは実験法や数学的アプローチにおいてすぐれていた。マラリア対策の強化を英国政府にうったえ、ロスは一九〇二年、『蚊撲滅軍団、いかに組織すべきか』を出版した（Ross 1902. この分野の数学的処理については、Mandal, Sarker et Somdata 2911 参照。Smith (D.L.) et al. 2012 も参照）。この著作の章のひとつのタイトル「蚊に対する戦いの歴史」がおもいおこさせるのは、「戦いにはつねに二種類の敵がいた。マクロな敵とミクロな敵」というブリュノ・ラトゥールの言葉だ（Latour 1984, p. 127-130）。けれどマラリアでは、微生物と人間との戦い、そしてまた、昆虫との戦いでもある。インドの作家アミタヴ・ゴーシュはそうした劇的な状況から題材を得て、歴史小説『カルカッタ染色体』を書いた（Ghosh［1996］2008）。私たちのうけとめ方からすれば、もっとも根本的な変化は、害虫としての昆虫は、われわれの資源のライバルだが、病気の媒体としての昆虫は、われわれ人間を資源としていることだ。パラドックスをつきつめれば、昆虫に刺されて感染した人間は、病気の媒体となって、こんどは昆虫を感染させる（Delaporte（François）2008参照）。実際、蚊と、マラリア原虫と、恒温脊椎動物のライフサイクルでは、まず人間を刺した昆虫が病原菌の媒体となり、そして二番目に刺す人間を感染させると考えられる。ロナルド・ロスはまさしくこの必然性を出発点として、マラリア伝染の数学モデルの作成にとりかかる。前述した著作で、彼は、ある特定の場所で、蚊の数を半分に減らすと、刺す回数も半減すると想定する。けれど、つけ加えて言う。感染した人間を刺すと、蚊自体も感染するので、残った蚊のなかで感染した蚊の割合も減少し、最初の四分の一になってしまう（Ross 1902）。この推論は一般の人たちに向けたもので、ロスがモデル化したもののおおざっぱなイメージをあたえるだけだ。ロスが発表したモデル化は、数年してアメリカの数学者アルフレッド・ロトカの目にとまる（Lotka, 1925, p. 81-83. Israel et Millan Gasca（ed.）2002を同じく参照）。しかも、ロトカは、それ以前から、イタリアのヴィート・ヴォルテッラと同時に、彼とは独立して、捕食者と被食者の個体数の変動をモデル化した等式をみつけた生態学者として、知られていた。いっぽう、ヴォルテッラとその娘婿で生物学者のウンベルト・ダンコーナは一九三五年、『数学的観点からみた生物間の関連性』と題した著作をあらわした。そのなかでこう述べている。

生物個体間の定量的研究は、ロナルド・ロスがはじめて人間とマラリア原虫を媒介する蚊との関係についておこなった。その後、さまざまな著者がこの分野の研究をひきついだ。ロスは、マラリア患者数の曲線と感染した蚊による刺傷数との関連を数式化した。(Volterra et d'Ancona 1935, p. 10-11)

ロスが提示したモデル化は、エコロジー理論と応用昆虫学との関係の歴史の一段階を刻んだのだった(Sharon Kingsland 1985 参照)。

敵の敵

ジャック・ダギラールが指摘しているように、害虫と考えられている昆虫を駆除するには、むかしから三つの方法があった。物理的方法、化学的方法、生物学的方法。物理的駆除法は、とくに温度を利用し、植物の貯蔵にもちいられる。化学的駆除法は、昆虫に対して毒性をもつ化学物質を地中に投入したり、空中に散布したりする。生物学的駆除法は、捕食生物(天敵)や寄生生物を利用して、対象となる生物の個体数を制限する(Jourdheuil, Grison et Fraval 1991)。

化学的駆除法については、毒ガス兵器(第一次大戦で使用された)のテクノロジーがドイツで森林の害虫を駆除するのにもちいられたことを、科学史家のサラ・ジャンセンが強調している。その時代のドイツの一部の昆虫学者たちが、「純粋性」、「退化」、「戦争」といった用語に乗じて政治権力に接近し、「戦争のテクノロジー」をとりこんだ経緯を、ジャンセンは説明している（Jansen 2001a 参照）。軍需産業が応用昆虫学に転換していくなかで、化学兵器の発明家のひとりで、化学産業の動員を組織した、フリッツ・ハーバーの役割は決定的であり、同じく化学者だった妻クララは、夫がはたした役割を知り、化学兵器を残忍な手段として憎悪し、一九一五年みずから命を絶った。化学兵器は論争のまとにはなったが、それでもハーバーは、肥料の生産にも弾薬の製造にも役立つアンモニア合成にかんする研究の功績で、一九一八年ノーベル化学賞を受賞した。さらに、ハーバーの名は、殺虫剤ツィクロンBとも関係している。ツィクロンBは、わずかに加工されて、ナチスの強制収容所のガス室で使用された。ハーバーは、この物質が最終的に大量虐殺の手段になったことを知ることはなかった。彼はユダヤ人の家族の出で、ヒトラーが政権についた直後、英国、ついでスイスに亡命し、一九三四年一月、バーゼルで死去した（ヒトラーについてはBretislav [2005-2006] の記事参照。またウィキペディアの「Fritz Haber」の項も参照。化学史におけるハーバーの復権については、Bensaude-Vincent et Stengers 1993, p. 229. 230, 247 参照）。ＤＤＴ、つまりジクロロジフェニルトリクロロエタンの使用もまた、第二次世界大戦の文脈に含まれる。一八七四年から知られているこの化合物に殺虫効果があることが、一九三九年になって、スイスのパウル・ヘルマン・ミューラー（一九四八年、ノーベル生理学医学賞受賞）によって解明された（Aguilar 2006 参照）。交戦国の人びとをおそった食糧不足に対処するのに、ＤＤＴは害虫を減少させせることで、決定的な貢献をした。同様に、マラリアに感染した地域では、ＤＤＴは病気を媒介する蚊の駆除に役立てられた。一九四三年十二月、ナポリでチフスが流行した。シラミが媒介する病気なので、アメリカ軍は、二百万人の人びとにＤＤＴを施し、一九四四年三月には伝染病をくいとめることに成功した（Dajoz 1963, p. 133-135）。

けれど、食物連鎖における、ＤＤＴを主とする殺虫剤の蓄積は、昆虫を捕食する鳥の体内に有毒物質が濃縮されるという結果をまねいた。一九六二年、海洋生物学・生態学者のレイチェル・カーソンは『沈黙の春』のなかで、食虫性の鳥の絶滅を想定している。そればかりか、殺虫剤の使用がくり返されるうちに、その殺虫剤抵抗性のタイプのみが生き残る結果をまねく。自然選択説の正当性を実験的に実証しているとさえいえる、こうした結果は、植物衛生学のうえで深刻な状況を生みだした。

植物学的駆除法は、今日、多くの場で、化学的方法よりよい印象をあたえている。だが、この方法にも、成功例もあれば失敗例もある。失敗策として、繁殖力の強い生物の導入が、島の環境を脆弱なものにした例があげられる。成功例のなかでは、チャールズ・ライリーの例は特筆にあたいする（ライリーについては、Acot 1981a と 1981b; Acot 1998, p. 160-162. Egerton 2013 参照）。ライリーはイギリス出身で、一八四三年生まれ、ディエプの学校で学んだのち、ボンで学生生活をおくり、ついでアメリカに移住した。農場で働いた後、シカゴの農業雑誌の記者になる。ミズーリ州の昆虫学者となり、さまざまな大学で講義をおこなった。フランス語が堪能で、フランスを愛し、フランスに七度滞在した。生物学的防除におけるライリーの貢献は、カリフォルニアのオレンジ類の栽培の保護にかんするものだ。オーストラリアから一八六八年偶然に侵入したイセリヤカイガラムシが、オレンジ類を食い荒らした。イセリヤカイガラムシが、オーストラリアではそれほどの害をおこさないのは、天敵によって個体数が制限されているからにちがいないと確信し、ライリーはオーストラリアに研究チームを派遣させた。研究チームはオーストラリアのベダリアテントウというテントウムシを人為的にアメリカに導入する結論をくだし、おかげで、二年もしないうちにイセリヤカイガラムシの個体数は、許容範囲まで減少した（Jourdheuil, Grison et Fraval 1991, p. 39）。

フランスでは、ライリーの名がとくに思い起こさせるのは、ブドウネアブラムシの駆除における、ジュール・エミール・プランションをはじめとするフランスの博物学者たちとの緊密な協力関係である。基本的な考え方は、アブラムシに強いアメリカのブドウの株にフランスのブドウの苗を接木することだった。この出来事は、情熱と高度な学術性をかねそなえた歴史的研究の対象となり、二〇〇七年、『フランス昆虫学会年報』に発表された（Carton, Sorenson, Smith (Janet) et Smith (Edward) 2007）。これもまた生物学的対策ではあるが、天敵を介入させるのではなく、昆虫のライフサイクルとその食性にかんする知識に依拠して、作物を守る最適な戦略をたてたのだ。

けれど、ブドウネアブラムシの駆除は、あくまでも、敵対関係という発想でおこなわれた。エコシステムという概念が、科学界でもメディアにおいても脚光をあびたのは、敵対的ではない関係、つまりさまざまなパートナーが共に勝者でありうるような方策をうきぼりにしたからである。

オーストラリアの農民が、ヨーロッパから輸入した家畜の糞にまみれる覚悟で、導入したフンチュウの話には、象徴的な意味合いがある。もうひとつの特筆すべき例は、繁殖力の強いホテイアオイを駆除するのに、ゾウムシを使ったことである（Perrin 2010 参照）。

有機物質の再利用以上に、受粉は、昆虫と植物との暗黙の相互協力をしめすものだろう（Jolivet (Paul) 1991 参照）。

受粉——自然の秘密

ギリシア人は、たぶんバビロニア人から受け継いだのだろうが、そのことを知っていた。ナツメヤシを栽培する人たちは、果実の収穫量をあげるには、実をつける花の上方で、別の花（私たちが雄花と呼んでいるもの）を振るとよい。

つまり、古代人は、植物の有性生殖の原理を理解していた、あるいは、少なくとも推測していた。実際、ひとつの種の内部に、ふたつのかたちがあって、いっぽうには明らかに生殖力があり、そして、もういっぽうのほうも、子孫を残すのに必要なことを知っているからといって、かならずしも性の区別を認めていることにはならない。上記のケースでは、テオプラストスの『植物誌』は、このギリシアの博物学者がナツメヤシの人口受粉を知っていたことをしめしているが、植物の有性生殖を理解していたかどうかはわからない。植物に性別をみとめるということは、特定の植物の有性生殖をみとめるにとどまらず、植物全体についての現象としてうけとめることだ。こうした見識が確固としたものになるのは、十七世紀末からだ。花に雌雄があることをはじめて実験的に証明したのは、テュービンゲン大学医学教授で植物園園長だった、ルドルフ・ヤーコブ・カメラリウスである。一六九四年の書簡のタイトル「植物の性にかんして」(Camerarius 1694) が物語っているとおりだ。この考えを熱心に支持したのは、パリ王立植物園のセバスティアン・ヴァイヤンであった。リンネも同様で、一七二九年に発表した論文のタイトルは「植物の婚礼のプレリュード」だった (Hoquet (dir.) 2005 参照)。論文のなかで、このスウェーデンの植物学者は花の異なった部分の機能を解説している。植物の性はリンネにとってきわめて衝撃的なことで、植物分類を構築するのにそれを基礎にしたほどである (Linné [1751] 1966.「性別」と題された第五章は86ページから96ページまでである)。

受粉の必要性が受けいれられると、つぎにつきとめるべきは、雌雄の接近がどんなふうに展開するのか、言い換えれば、おしべに含まれる花粉というオスの要素と、めしべというメスの要素がどう接触するかである。雄花と雌花の別、つまりめしべをもつ花とおしべをもつ花の別がある植物については、両者の接触は不可欠だ。同一の花がめしべとおしべの両方をもっていても、花粉をほかの株にはこばせて、自家受粉を避けるケースも頻繁にみられる。

最初に実験がおこなわれたのは、雌雄異株で、花粉が風によってはこばれる種についてである。カメラリウスが使ったのは、一年草のヤマアイだった。昆虫による運搬の観察はのちのことである。

草分けのひとりは、アーサー・ドブズ、のちにノースカロライナの総督となる人物で、当時はアイルランドに住んでいた。その地で「田舎の楽しみ」のひとつとして、彼はミツバチの観察にのりだした。その観察からみちびきだした要点を、ロンドン王立協会の『哲学紀要』(一七五〇) に送った。

アーサー・ドブズは、自分のみちびきの書となったのは、レオミュールの『昆虫誌』だが、この本に書かれていることとは逆に、ミツバチが蜜をあさるとき、一度に異なった種から種へと飛びまわることはなく、同じ種の花のあいだを行き来しているだけだと説明している。ドブズの考えでは、ミツバチがこのように行動するのは、ミツバチが天から植物の生育に貢献する役割をあたえられていて、それは同時にミツバチ自身にも有益であり、かりにミツバチが別の行動をとったとすれば、花粉をまぜこぜにしてしまい、植物の役に立たなくなる（Dobbs 1750. ドブズは「pollen」の代わりに「farina」という語を用いている。二つの語はともにラテン語で粉を示す）。ここには受粉の原理がすでに暗示されているが、それは、のちに雑種不稔性と呼ばれるようになる。

もうひとつの観察は、チェルシーの薬草園を指揮していたフィリップ・ミラーが報告したものである（ミラーについては、Magnin-Gonze［2004］2009, Elliott 2011 参照）。彼はチューリップの受粉の実験をおこない、数年後にこう語っている。

十二株のチューリップを、他のチューリップから六、七ヤード離れたところに植えて、開花するとすぐにオスの粉（花粉）を一粒も残さないように、おしべを外側から注意ぶかく切りとった。二日後、おしべを除去していないチューリップが植えてある花壇にミツバチがむらがり、腹やあしをオスの粉だらけにして飛びたち、そして、おしべのないチューリップのほうに向かってゆくのを目にした。その種からしっかりした株が生長したのだから、ミツバチはチューリップにたっ

ぷり粉をあたえたにちがいない。(Miller (Philip) 1759)

植物の受粉にかんして、十八世紀末に足跡を刻んだのは、ヨーゼフ・ゴットリープ・ケールロイターと、クリスチャン・コンラッド・シュプレンゲルの研究である。サンクトペテルブルク科学アカデミーが植物に性別があることを完璧に証明する研究に賞をあたえていて、ケールロイターはその実験を遂行した。『種の起源』の第八章の雑種について論じている箇処で、ダーウィンが好んで引き合いにだしている実験だ。これもまたダーウィンの賞賛の的となったシュプレンゲルのほうは、『花の形と受粉にみる自然の秘密』のなかで、花は受粉にみあった精密な構造をもっていると述べている。特に彼が指摘しているのは、蜜腺、つまり、花のなかにあって、昆虫をひきつける甘い蜜をしみだす腺である(Sprengel 1793. King 1975 参照。Magnin-Gonze [2004] 2009, p. 160 も参照)。

受粉の発見は、多数の昆虫のそれまで知られていなかった役割をあかるみにだし、害虫と益虫との区別をゆさぶった。害虫、益虫の区別は、害虫の間接的有用性を否定していたわけではなく、むしろ必要としていて、そこには政治的理由とともに神学的理由があったことは注記しておくべきだろう。リンネの弟子、クリストファー・ゲドナーが一七五二年に発表した博士論文に目をとおすだけで、それは納得がゆく。論文のタイトルは「博物学は何の役にたつか」だが、こうした論文は、指導教授から着想を得ているか、あるいは教授自身が書くというのが当時の習慣だった。この場合、指導教授はリンネだ(この論文は Amoenitates Academicae に載せられていたが、カミーユ・リモージュによって、自然の全体像をあたえる他のリンネの論考とともに復刻された。Linné 1972, p.145)。一般の人びとにとっても、世界の偉人たちにとっても、自然の研究は無意味な好奇心をかきたてるだけで、研究対象が大型ならまだしも、昆虫だの苔だのの研究などまったく滑稽なものにしかすぎない、論者はそう嘆いている(神学による昆虫学の道具化については、Kirby et Spence 1814 にある)。そうした偏見に対抗するために、外来種の導入、なかでも、植物はもちろん、私たちを悩ます害虫を駆除してくれる捕食昆虫を導入するのに、博物学史が役立っていることを、リンネはおもいおこさせる。創造されたものはすべて、直接的間接的に、私たちにとって有益であることこそ、リンネがなによりも人びとに分からせようとしたことだ。だから、「まったく有害にみえるものは、おうおうにしてもっとも有用である」。たとえば、アブラムシはより大きな昆虫に食べられ、その昆虫がこんどはスズメの餌になり、われわれはスズメの料理に舌づつみを打ち、スズメの鳴き声に心をなごませる(このテーマについては、Drouin [1991]1993 参照)。結局、創造されたものすべての有用性を強調することで、リンネは博物史の社会的役割を証明しようとしていたかのようだ。言い換えれば、昆虫はまちがいなく有用であるが――創造主はなにひとつ無駄なことをしていないとリンネは考えていた――、それは発見しなければならない有用性であり、だから博物学者は必要な存在なのだ。

その間接的有用性、その託された価値、その輝く美しさ、昆虫にみられるものはそれだけではない。コガネオサムシ、オナガタイマイの名をもつアゲハチョウ、新大陸の熱帯林にブルーの金属的彩りをあたえるモルフォチョウ、そして、世界の美の観念に寄与する他の無数の種。アラン・キュニョが、緻密にして表現力豊かな筆致で私たちに味わわせてくれたトンボに対する驚嘆にも、言及せずにはいられない（Cugno 2011）。

益虫と害虫との区別が鮮明だったことは一度もなく、固定的なものではなかったので、花粉はこびという「益虫」の新たな出現をさまたげることはなかった。その二世紀後、害虫とみなされる昆虫の駆除が、多数のエコシステムの機能に破滅的な混乱をひきおこす。農業生産そのものが脅かされた。ある種の殺虫剤が養蜂にあたえる被害は、ミツバチの生存を危うくし、その影響で、ミツバチが受粉をになう果樹栽培も危機におちいった。カリフォルニア州の北部では、農民たちは、ハチの巣を借用し、果物や野菜のいちじるしい減産を覚悟で、ハチの巣をトラックで輸送しなければならなかった（Barbault et Weber 2010, p. 48）。そんなわけで、生態系《エコロジカル》サービスという概念が具体的なものになった。それはエコシステムが機能することで生みだされるサービスである。そこでは受粉は大切な位置をしめる。確固とした人間中心主義の観点が、生存がおびやかされている昆虫を経済的合理性のなかにくみこんだのだ。

アルバート・アインシュタインが言ったとされている悲観的予測によれば、もしミツバチが消滅するようなことになれば、人類もそれから数年くらいしか生きのびることができないだろう。これは議論にあたいする。もちろん、セイヨウミツバチ（*Apis mellifera*）の消滅は生態系の大打撃となり、多数の顕花植物の受粉を困難にし、そのうちの多くは姿を消すだろう。それは生物多様性を減じるだけではなく、大多数の人びとの生活の質を低下させる。とはいえ、すべての顕花植物が昆虫によって受粉するわけではなく、また、受粉をになう昆虫はミツバチだけではない。レトリックとして誇張法をもちいた表現である。それが相対性理論の創始者の口から出たとはほとんど考えられない。この件についてのジャーナリストからの質問に対して、エルサレム、ヘブライ大学のアルバート・アインシュタイン史料館の学芸員ロニ・グロズは、この引用を誤りだと断定するのは難しいが、ともかくも、アインシュタインの書いたもののなかにこのような文章は見たことがない、と慎重に答えている（Vincent Valk, Albert Einstein Ecologist?, Gelf Magazin, 25 avril 2007〈http:www.gelfmagazine.com/archive/albert_einstein_ecologist.php〉参照）。いずれにせよ、この言説の主が不明なうえ、大げさだと批判されてはいるが、生物多様性が減じる危険性を忘れるべきではないだろう（客観的評価のために、Barbault et Weber 2010, p. 47-49 参照）。こうした危機に直面して、さまざまな政策がとられている。専門家のなかには、環境問題がつきつける重要性にくらべれば、とるにたらない政策だとみなす人たちもいれば、経済的に高くつきすぎると考える人たちもいる。

典型的な出来事として、ル・マンからトゥールまでの区間の高速道路建設が数年間たなあげにされたことをあげておこう。理由は、このふたつの都市をむすぶ地帯として予定されていた場所に、一九九六年、オオチャイロハナムグリの名で知られている鞘翅目の幼虫がみつかったことだ。EU当局によって保護されている種なので、道路建設があたえる影響について国立自然史博物館に調査がゆだねられた。パトリック・ブランダンの指揮のもとで一九九九年に作成された報告書は、「高速道路建設そのものより、道路が通過する自治体の農業区画の整理統合のほうが深刻な影響をあたえる」（http://

www.patrickblamdin.com/fr/conservation-de-la-nature 参照）ことを強調し、「ナトゥーラ二〇〇〇」地帯の創設を提言した（Natura2000 は欧州のエコロジー連絡網である。そのメンバーは、自然生息地の保護区域がきちんと保全されつづけるように努めている）。実際、「剪定したカシノキの生垣には十分な数のオオチャイロハナムグリが生息している」ので、「その地区のすべての生垣と、鞘翅目の昆虫の棲みかとなりうる一万七千本の検査」が必要となった。国立自然史博物館の調査は、講じられた措置（基礎工事の変更、ナトゥーラ地帯の創設、区画整理の基本構想、昆虫学的検証）を考慮に入れたうえで、オオチャイロハナムグリの棲みかにあたえる影響は「全体としてとるにたらないだろう」という結論に達した（パトリック・ブランダンの私信による）。工事は再開され、高速道路は二〇〇五年十二月に開通した。この件の社会的な側面から着想をえて、映画監督グザビエ・ジャノリは「ア・ロリジーヌ」という映画を製作し、二〇〇九年のカンヌ映画祭に参加した。キャストは、フランソワ・クリュゼ、エマニュエル・ドゥヴォス、ジェラール・ドパルデュー。舞台はフランス北部にもっていった。コガネムシについて世論を動かすのが難しかったことに比して、風景や植物相や動物相はあまり目立たなかったからだ。この難しさは、国民議会における議論にもみることができる。共和国連合（RPR）についで国民運動連合（UMP）に所属した、オルヌ県選出のイーヴ・デニオ議員は、「この高価な、あまりにも高価な小動物」のために費やされた金額に不快感をあらわにした（二〇〇二年十月二十四日付『公報』の報告参照。オンラインで〈http://www.assemblee-nationale.fr/12/cri/2002-2003/20030034.asp〉）。

オオチャイロハナムグリは、脊椎動物のように愛情を抱かせるものではなく、花粉を運搬するという特殊な有用性もないものの、枯れ木を土にかえすのに役立っているのだが、それは道路運輸当局にとってはささいなことにすぎないのだ。コガネムシの一種であるこの昆虫を擁護する論拠となりうるのは、幾世紀にもわたる農業活動によってかたちづくられた木立の風景の記憶の一部をなしていること、そして多種多様な種が織りなす動物相、植物相といった歴史的価値だろう。こうした種においてもっとも大切なのは、たんに法律を遵守するということ以上に、その種の生存を保障しているのは環境であり、それが生態系の豊かさの指標になっていることである（Beurois 2001 参照）。

こうして、自然の現実を記述し、社会的価値をあたえるのに、ふたつの方向がみえてくる。エコロジカルサービスという概念と、共通の遺産という概念である。いっぽうは経済の分野から借用したもので、もういっぽうは文化遺産の領域からきている。両方とも昆虫に非常によくあてはまるのだから、昆虫と人間とのあいだには戦いとは別の言語が可能なはずだ。こうした表現のうえでの言い換えは、ある種の昆虫によってひきおこされる飢饉や病気、あるいは、他の種の絶滅をまねきかねない種の繁殖を考慮すれば、無意味にみえるかもしれない。実際、昆虫とともに生きようと模索することは、蚊の命に人間の命と同等の価値をあたえるということではない。それはただ最適な共存の条件を追求することであり、同時に、人間の歴史において、昆虫が、直接的または間接的に、ひそかにまたは劇的に、よい意味でまたは悪い意味で、はたしてきた役割、そして昆虫がもたらした新しい概念がはたした役割を考察の対象とすることである。

第七章　標本昆虫

ホルヘ・ルイス・ボルヘスは『学問の厳密さについて』と題した短編のなかで「帝国のサイズの帝国の地図」を空想する（Borges 1989, p. 225）。それ自体がそのものの代替物になるという、逆説的なオブジェの発明は、ジャン＝ジャック・ルソーを読んだ者にとって、エミールの自然史陳列室をおもいおこさせる。その陳列室は「地球ぜんたい」なので、王の陳列室より豊かだ（『エミール』第五編、Rousseau 1762）。ルソーはこう説明する。「それぞれのものはふさわしい場所にある。それにたずさわる博物学者はすべてを見事な秩序でもって配置しているからだ。ドーバントンでもこれほどのことはできまい。」つまり、王立庭園の研究所における配置や保管がビュフォンの指揮のもとに置かれていても、自然を知りたい人に多くを教えてくれるのは、収集品よりも、土地そのものなのである。その十年後、同じような見解が、ベルナルダン・ド・サン＝ピエールの筆のもとであらわれる。ここでもドーバントンが、博物館の管理者を象徴する人物として引き合いにだされる。「われわれの陳列室の動物の標本はただの見世物ではないか！　ドーバントンの方法は、無益に生命の外観をあたえようとしているだけで」、そこにみるのは「死の特徴が刻みつけられた」ものにすぎない。そして、こう結論する。「自然にかんするわれわれの書物は絵空ごとにすぎず、われわれの陳列室は墓場ではないか。」（Bernardin de Saint-Pierre [1784] 1840, p. 137-138. ベルナルダン・ド・サン＝ピエール、ルソー、自然史陳列室については、Drouin 2001 参照）

逆説的だが、死を脅かしているのは生にほかならない。実際、個人または公的機関が所有する昆虫コレクションの管理者がおそれているのは、陳列されている死骸を狙う生命体だ。死んだ昆虫は他の昆虫の食糧源だ。それぞれの種の標本の役割をになう脆い死骸を脅かすのは、カツオブシムシ、ヒメマルカツオブシムシ、チャタテムシなどの虫である。そうした劣化を防ぐため、あるいは少なくとも抑制するために、標本の管理者は、毒薬を利用し、ありとあらゆる手だてを講じる。

標本づくりは、専門の出版物から得られ、大学や団体の内部で伝達された手法に依拠している。しかし、どれほど購入や交換がなされても、寄贈や遺贈が増加しても、必要とされる機材をもちいる捕虫は、あいかわらずもっとも重大な役割をはたすので、自然保護の必要性とは矛盾するかもしれない。昆虫のコレクションにとりかかるには、いくつもの手順をふむが、ジャック・ダギラールがそれを詳述している。

（……）採集した昆虫は、比較可能な全体像が見て取れるように、肢や触角や翅をひろげて形をととのえる。昆虫ピンと呼ばれる特殊な針でさし、乾燥するまで形状を保つためにコルク板やペフ板にならべる。（……）。乾燥した標本はサイズが決められた「標本箱」におさめられて、カビをふせぎ、カツオブシムシやチャタテムシなどの昆虫から守るために箱のなかにパラジクロロベンゼンや、ブナのクレオソートや、チモールを入れる。（D'Aguilar, dans Robert 2001）

これらは、成虫（昆虫学ではイマーゴと呼ばれる）の段階で採集したものについてだ。幼虫はアルコールなどの液体を満たしたガラスの容器のなかで保存される。昆虫コレクションの管理は、学術的所蔵物をたえまなく脅かす生命体の不意打ちとの日々のたたかいのようなものだ。

文化遺産としての価値をこえて、これらの標本のすべてが生命の形態の多様性を研究するのに不可欠な道具となっている。これらの整理そのものが、種の分類の物質的裏づけである。多数の標本の収集はその重要性を失うどころか、ますます必要になってきた。種の内部における多様性の概念が、種の本質的特徴という概念にとってかわりつつある。昆虫コレクションは、異なる種のあいだの多様性と同じくらい、それぞれの種の内部も可変的であることをしめす傾向にあるからだ。だが、コレクションの有用性は分類学に寄与するだけでなく、生物多様性のメカニズムの理解の助けになる。擬態はその一例だ。

擬態

ヨーロッパの夏、庭で飛びまわる昆虫のなかに、スズメバチとそっくりなのに、スズメバチとちがい、翅は四枚ではなく二枚だけで、毒針も毒ももっていない昆虫がいる。詳細な研究の結果、ハエの一種であるハナアブであることがわかった。スズメバチとの類似は、捕食者を遠ざけると考えられるので、昆虫学者たちは防御手段とみなしている。擬態（英語では mimicry）とよばれる、このたぐいの類似は、温帯の国々にもみられるが、最初の研究は熱帯でおこなわれた。

アマゾンのさまざまな種のチョウにこうした現象を観察したのは、ヘンリー・ウォルター・ベイツである。一八六一年十一月、彼はこのことを記述し、ロンドンのリンネ協会で説明することをもうしでた。翌年協会は彼の報告を発表したが、そのタイトルは、おそろしく地味で、「アマゾン河流域の動物相、鱗翅目、ドクチョウにかんする考察」。ひとつの科だけに焦点が合わせられたことで、この発表の理論的提起の大きさはないがしろにされがちだった。実際、ベイツが批判していたのは、変種にしかすぎないものを数えあげて、小さな種の数をどんどん増やしてゆく「陳列室の博物学者」だった。彼は、相互関係を考えずに、標本にとりくむ傾向のせいだとみなしていた。さらに、そんな学者たちが、異なる種の区別は絶対的で、不変だと信じているのもおどろくことではない、とつけ加える（Bates 1862, p. 502）。ベイツはその主張をこう結論する。

思うに、論理的考察を真剣に望む者ならば、かならずや到達する結論として、一見奇跡のようで、しかもあくまでも美しく驚異的な擬態、そしておそらく生物のあらゆるたぐいの適応は、こ

FIG. 23.—Methona psidii (Heliconidæ). Leptalis orise (Pieridæ).

メトナ・プシディイ（ドクチョウ科），レプタリス・オリセ（シロチョウ科） Alfred Russel Walace, 1897 より．

ベイツはアマゾンのチョウに擬態を観察した．その説明は，ダーウィンとウォレスの説を強固なものとした．

こでわれわれが観察したものと類似した要因によって生じるにちがいない。
(Bates 1862, p. 514-515)

ベイツの友人で、ブラジルへの旅に同行したアルフレッド・ラッセル・ウォレスの筆によって、擬態は進化論の問題提起のなかに正当な位置をえた。ウォレスが不朽の名声をえたのは、ダーウィンと同時に、ダーウィンとは独立して、種の変異の理論に到達したからである。二人の人物は、優先権を競うというより、その功績をお互いに称えあったのは周知のとおりだ（Drouin et Lenay 1990, p. 63-99 参照）。一八八九年にあらわした『ダーウィニズム』と題したウォレスの著作は、「自然選択の理論をその具体例とともに説明する」内容だった。具体例のなかに擬態の解説がみられる。ベイツのはたした決定的な役割を強調する前に、ウォレスは擬態をつぎのように定義した。

（……）類縁関係はまったくなく、しばしば別の科、いや別の目に属している二つの種が、見まちがうほど外形や色彩が似ているという、身を守るための類似性。（Wallace [1889] 1897, p. 239-240. Egerton 2012a; Egerton 2012b, p. 70 参照）

ベイツによる擬態の説明は、ウォレスに負けないくらい、ダーウィンを感嘆させた。『種の起源』の著者は、一八六二年十一月二十日、その論文にかんしてベイツに手紙を書いた。「私の人生でこれまで読んだもっとも秀でた、もっとも注目すべき論文のひとつです。」（Carton 2011, p. 127 に引用）一八七九年、「ブラジルのチョウを現地で研究していたドイツの博物学者フリッツ・ミューラー」はまたべつのタイプの擬態を発見する。今日「ミューラー型」とよばれているその擬態では、毒をもつ二種または多数の生物がお互いに似ていて、そのおかげで捕食者はよりすばやく有毒な生物を避けるようになり、攻撃される危険性がより少なくなる（Fischer & Henrotte 1998）。

ベイツ型擬態とミューラー型擬態にかんする記述をふたたび目にするのは、一九一五年に刊行された『チョウにおける擬態』と題した著作においてだ。著者レジナルド・パネットはメンデルの手法をイギリスに紹介したことで（ウィリアム・ベイトソンとともに）、遺伝学に足跡を刻んだ人物である。挿絵入りで、難しすぎず、高価すぎず、長すぎない解説を求める多様な読者にむけて書いた著作、パネットは序文でそう述べている。そうすれば、熱帯地方の旅人や滞在者たちが多数の驚異的な擬態のケースの観察にいざなわれ、もっとも驚異的とおもわれる自然の問題のひとつの解明に寄与するだろうと考えたのだ。くわえて、哲学的視点から生物学的考察をはぐくむ読者の関心をひこうとした。この社会的波乱の時代にあって、「自然選択の影響を解明し、その作用を明確化すること以上に重要なものはめったにないだろう」(Punnett 1915, p. v-vi)。

カムフラージュ

そんなふうに、標本コレクションと、フィールド調査と、自然選択の理論とが補完しあい、擬態という適応の現象に説明をあたえたのだった。もうひとつのケースがあるが、それはたんなるカムフラージュなので、一見さほど複雑ではなく、学校の教科書、啓蒙書、博物館や展示などでよく紹介される。オオシモフリエダシャク（*Biston betularia*）の工業暗化である。昆虫標本がしめしているように、十九世紀のはじめまでは、このガ（蛾）は明るいしもふりの色彩をみせていた。英語で Peppered Moth（コショウのかかった蛾）と呼ばれる所以だ。日中、このガはとまっている白樺の幹と区別がつかず、フランス名（白樺シャクガ）、およびラテン名のベトゥラリア（白樺）はここからきている。一八四八年からマンチェスターの近辺で、メラニックと称される暗化型のオオシモフリエダシャクが見つかった。長いこと稀な存在だったが、数十年のあいだにますます頻繁にみられるようになった。

暗化型がかつては稀だったのは、白樺のように明るい色の木にいると、黒い色は捕食者にたちまち見つけられてしまうことで説明がつく。逆に、煤で黒ずんだ樹では暗化型は目立ちにくく、捕食者に狙われる危険が減じるので、繁殖しやすくなる。今日、脱工業化と、汚染対策の措置がとられたことで、この暗化型の分布にふたたび変化が生じているという。

昆虫標本コレクションに依拠した、こうした説明は何世代もの研究者をつきうごかし、論争や反論をまきおこした。パネットは、前述したチョウの擬態にかんする著作で、注解のついでに、暗化型のオオシモフリエダシャクの繁殖は、身を守る最大の手段は色彩だということだけで説明できるかどうか、生命力の強さも要因ではないか、そう疑問を発している。一九三〇年代のエドモンド・ブリスコ・フォードの実験、ついで、一九五〇年代のバーナード・ケトルウェルの実験は、オオシモフリエダシャクと捕食鳥との行動の実験的検証法にいたった（ジャン・ゲヨンがこの歴史について簡潔明快な発表をしている。Gayon 1992, p. 373-375. Cook 2003 も参照）。

擬態とカムフラージュは、生物哲学にとって　またとない素材となった。たとえば、洞穴探検に情熱を燃やしていた自然史博物館教授、ルネ・ジャネルは、生物地理学の論拠にもとづいてヴェゲナーの大陸移動説を支持したことで知られているが、一九四六年、『昆虫学入門』のなかで、こうした現象のダーウィン的解釈を、新ラマルキズムの視点から批判した。

けれど、じつのところ、遺伝形質に対する環境の作用というラマルクの理論を考慮したほうが、より自然な説明がなりたつ。保護色によるカムフラージュは、視覚器官がうける光の刺激に対する遺伝的反応なのと同じように、目に見える色の変化は、同じ条件の環境において、光のさまざまな作用が、さまざまな生物におよぼす結果である。擬態が生ずるのは、模倣する生体が、模倣される生体と同じ影響をうけているからだ（Jeannel 1946, p. 62）。

ジャネルにとっては、擬態や保護色（目に見える色の変化）は目的原因説にほかならず、ラマルク理論のもっとも時代遅れとされるもの（獲得形質の遺伝）こそ理にかなっている。生物学の知識ののちの発展は、それが袋小路に入り込む方向だったことをしめしている。ダーウィン理論は、他の生物科学と同じように昆虫学においても避けて通ることはできない。たとえば、二〇一二年五月、フランス国立科学研究センター（ＣＮＲＳ）のウェブサイトに、こう書かれていた。

擬態は自然のなかにきわめてひろく存在する現象だ。多数の生物が捕食者から身をまもるためにそれぞれ模倣し合っている。国立科学研究センター・国立自然史博物館（生物多様性の起源・構造・進化研究室）の研究者たちと、国立農学研究所（昆虫の生理学―伝達と信号）の研究者たちが参加している国際コンソーシアムが、最近になってはじめて、熱帯のメルボネドクチョウ（*heliconius melpomene*）のゲノム配列を完璧に解明した。この配列のおかげで、擬態を可能にしたのは、異なる種のあいだの色の遺伝子の交換によることがあきらかになった。現在まで、近い種のあいだの交雑は、一般的に競争力が劣る脆弱な子孫を生みだすので、有害とみなされていた。じつのところ、こうした交雑は、自然選択を有利にする遺伝子の転移という選択的利益をもうみだす。この場合、色彩が、これらのチョウが捕食者に有毒であることのしるしとなっている。

こうして、分子生物学の最新の問題提起と精密な研究法によって、フィールド調査と標本をもちいた研究が、部分的に証明され、部分的に修正された。実験と観察の相互補完は、ここまで徹底してはいないが、遺伝子の研究についてもいえる（遺伝子概念の近年の学問的総括のためには、Deutsch 2012参照。モデルとしてのショウジョウバエについては、Galperin 2006とGayon 2006参照）。

ショウジョウバエと遺伝学

グレゴール・メンデルの生涯は数多くの科学史家たちの好奇心をかきたて、モラヴィアの修道院でエンドウマメを交配させることで、他の人たちに三十五年先がけて遺伝の原理を発見した一僧侶という人物像の真偽が話題になった。この人物像に間違いはないが、補足の必要がある（Drouin 1989）。

メンデルの研究は、農業や園芸にもちいられていた植物の交配という文脈のなかでとらえなおさなければならない。三十五年後、ユーゴー・ド・フリース、カール・コレンス、エーリヒ・フォン・チェルマクの三人がちょうどよい時に、メンデルの研究を再発見したが、誰が先かの争いは避けた。こうして、遺伝学は二回にわたって築かれた。まずメンデルによって一八六五年、つぎに再発見者たちによって一九〇〇年。メンデルの法則は、植物について確立したが、はやくも二十世紀初頭、動物に適用された。ナンシーのリュシアン・クエノーは、ハツカネズミについて実験し、色素の形成がメンデルの法則にしたがうことを証明した。けれど、この分野で実験のモデルとして、いちばんよくつかわれたのは、まちがいなく、酢につくハエ、キイロショウジョウバエ（*Drosophila melanogaster*）である。ミシエル・モランジュが『分子生物学の歴史』で述べているように、遺伝学の発展は、アメリカの生物学者トーマス・ハント・モーガンが、キイロショウジョウバエを選択したことと不可分だ(Morange 1994)。じつにうまい選択だった。飼育にほとんど費用がかからないうえに、繁殖がはやく、四対の染色体しかもたず、唾液腺に巨大な染色体が含まれている。

モーガンは一九一五年、三人の教え子（アルフレッド・ヘンリー・スターティヴァント、ハーマン・ジョーゼフ・マラー、カルヴィン・ブラックマン・ブリッジズ）との共著『メンデル遺伝のメカニズム』と題した著作を出版した。一八六五年にはまだ形質は個々に独立しているという原則は知られていなかったと、著者は主張する。メンデルがエンドウマメでおこなった実験では、子孫は色についてはいっぽうの祖父母の形質、丈についてはもういっぽうの祖父母の形質をもつというかたちで、

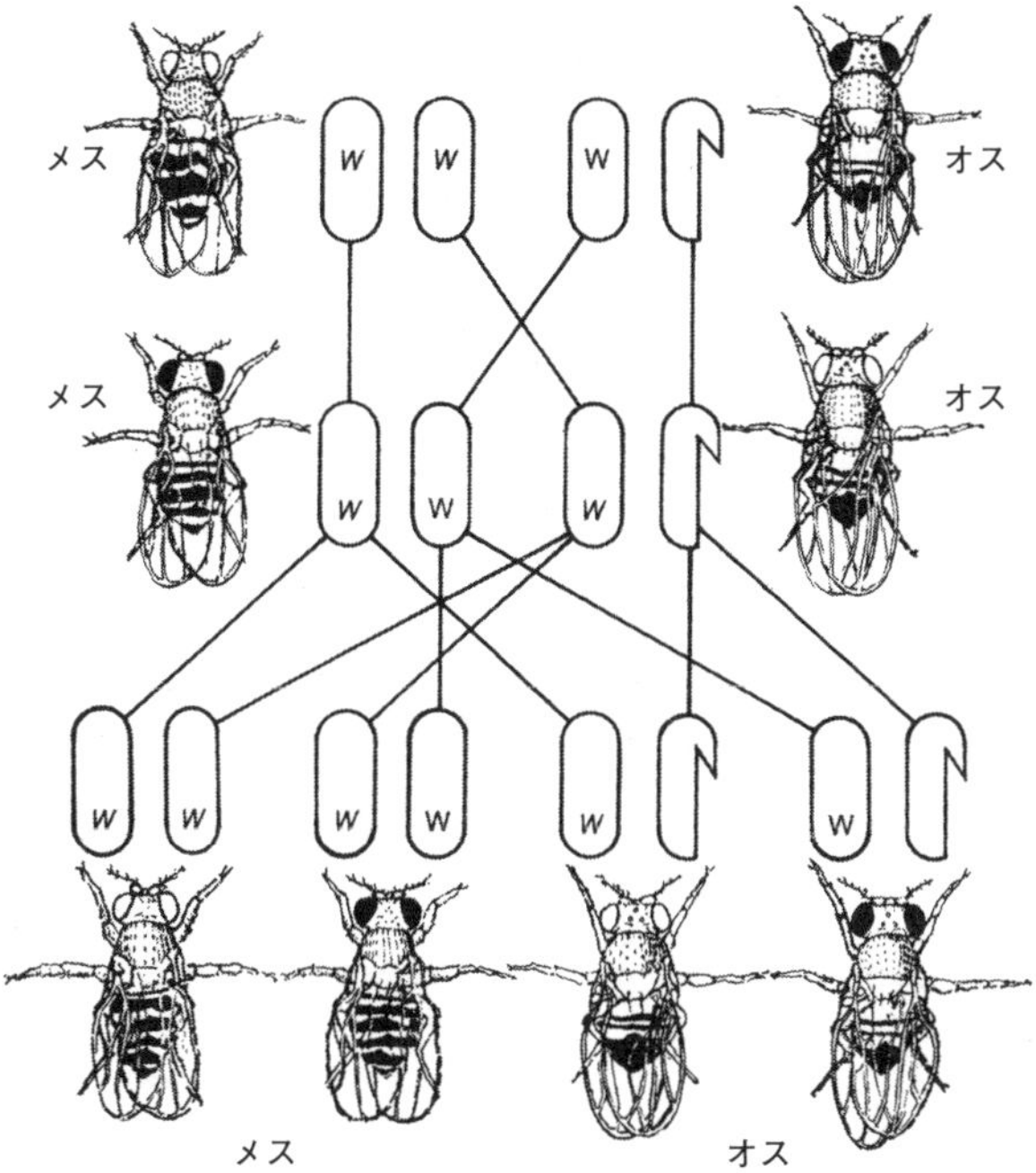

キイロショウジョウバエの性染色体Xに依存する白眼（赤眼の代わりに）の遺伝．ここでは，白眼（劣性）のメスと赤眼（優性）のオスの交雑の結果をしめしている．大文字のWは赤眼の遺伝子，小文字の*w*は白眼の遺伝子をあらわす．

白眼の形質遺伝　Theodosius Dobzhansky, 1969より．
モーガンとその研究集団は研究のモデルとしてショウジョウバエをもちいた．

分離の法則が表現されていることは周知の事実だ。モーガンは染色体論で遺伝の機構は十分説明できると考えた。染色体が遺伝の担い手だと考えうるには、同じ染色体に含まれるあらゆる要素はつねにひとまとまりになっていなければならないと指摘する。そして、それこそがキイロショウジョウバエにおいて観察されたことだった。たとえば、キイロショウジョウバエでは目の色の遺伝のありかたは、まず、赤眼は優性なのに対して白眼は劣性であり、そして、この形質は性を決定する遺伝子と同じ染色体に含まれるとすれば、説明がなりたつ。

モーガンとその共同研究者たちの知的・社会的な物語は、ロバート・コーラーによって綴られ分析された。タイトル『ハエの王たち』(*Lords of the Fly*) は、その四十年前のウィリアム・ゴールディングの小説『蝿(たち)の王』(*The Lord of the Flies*) をもじったものだ (Golding 1954. Kohler 1994. コーラーと同じ研究テーマについては、Bousquet 2003 参照)。

モーガンは一九三三年にノーベル生理学医学賞を受賞したが、最初のころはニューヨークのコロンビア大学で研究し、ついで、一九二八年パサデナのカリフォルニア工科大学にポストをえた。アメリカに移住したロシアの生物学者がモーガンの研究者グループに加わった。テオドシウス・ドブジャンスキーである。彼がとくに目をつけていたのは、種のなかで生じる変種だった。このため、ドブジャンスキーは、キイロショウジョウバエとは別種のウスグロショウジョウバエを追った。彼がこの種と出合ったのは、異種間の交雑による生殖能力の喪失について研究していたときであった (Bousquet 2003, p. 21-51. Kohler 1994)。ウスグロショウジョウバエを収集し、その地理的分布を調査するために、ロッキー山脈をあるきまわった（Bousquet 2003, p. 40; Kohler 1994, p. 263-293参照）。昆虫学者にして遺伝学者で、フィールドでの経験が豊富なドブジャンスキーは、総合進化論の創設者のひとりとして生物学の記憶に刻まれている。「生物学においては進化の光を当てなければ、何事も意味をなさない」という有名な言葉を残したのはドブジャンスキーである（Dobzhansky 1969, p. 120）。この信念にかられて、人間社会の生物学的アプローチから生じる問題にまで、分析をひろげた。このことについて語っているのが、『遺伝と人間の本性』と題した著作であり、そのなかで彼は「人間の進化は、ふたつの異なる発展において同時に進行した。生物学的発展と文化的発展だ」と主張する（Dobzhansky 1969, p. 145）。彼が「習慣、信仰、風習、言語、使用される技術の総体」と定義する文化は、彼にとって人類固有の現実なのである。

同じ問題は、答えのほうはきわめて異なるものの、社会生物学がひきおこした論争のまっただなかにあらわれる。

社会生物学

社会生物学については、すでに第四章のハチの巣とアリの巣にかんする政治的イメージのところでふれたが、どう位置づけるべきかはっきりしていない。社会生物学は、新しい独立した学問分野なのか、動物行動学に含まれるのか、政治思想の潮流なのか。このたぐいの論争でよくあることだが、どれそれの研究分野が科学かどうかを疑問視するとき、その科学性だけでなく、その統一性も問われる。さまざまな分野が、交わり合い、からまり合い、入り組み、従属し合う。名称があたえられる以前から、その研究分野が存在していたケースもある（Ratcliff 1996 参照）。

この観点からすると社会生物学は三つの段階を経た。一九三〇年代、ローレンツ、フォン・フリッシュ、ティンバーゲンを中心にして動物行動学が創設され、動物の行動の研究と定義された。今日、動物行動学という用語は消えていないが、「行動生態学」という合成語のほうがよく使われる（ドミニク・ヴィタルからの私信）。社会生物学は、時系列でいえば、このふたつの用語の中間に位置するが、一九七〇年代から一九九〇年代にかけて、動物の行動にかんするきわめて多数の研究が社会生物学の範疇に入れられた。そのささやかな出発点とは正反対の、大仰な役割を付与するような著者もいた。ことのはじまりは、ある特定の現象だった。オスミツバチの単為生殖である。未受精卵から生まれるのがオスミツバチ、受精卵から生まれるのがメスミツバチ（ハタラキバチと女王バチ）。それを解明したのは、十九世紀のポーランドの神学者・科学者ヤン・ジエルゾンだった（ウィキペディアの「Dzierzon」の項による）。神学者としては、教皇の無謬性に異をとなえた人物として知られている。科学者としては、近代の養蜂のパイオニアである。

それから一世紀を経た一九六四年、英国の生物学者ウィリアム・ハミルトンは、『理論生物学ジャーナル』に二回にわたって、「社会的行動の遺伝的進化」と題した論文を発表した（Hamilton 1964. ハミルトンの仮説については、Coco 2007 参照）。ハミルトンは膜翅目の社会的行動を染色体の数と関連づけた。アリやミツバチでは、メスは二倍体、つまり二倍性の染色体をもつのに対して、オスは一倍体、つまり、一倍性の染色体しかもたない（知られているように、現存種のほとんどの種では、雌雄の染色体は同数である）。ハミルトンの数理理論によれば、倍数性の説明がつく。実際、確率を用いた計算では、一匹のメスはその遺伝子の四分の三を自分の姉妹たちと共有できるが、そのメスにメスの子どもができれば、その子どもたちと遺伝子の半数を共有するのみだ。しがって、メスアリが自分の遺伝子を優遇しようとすれば、子を産むよりも、姉妹を育てるほうがよい。これは、アリにもミツバチにもあてはまる。しかしながら、女王バチはいろいろなオスと交尾するため、この数理理論は複雑なものになり、補足的仮説をつけ加えなければならなくなる（Veuille 1997 参照）。ほんとうの難題がでてくるのは、あらゆる種の社会行動をこれほど明瞭に遺伝的事象と関連づけようとするときである。昆虫のなかでも、シロアリの社会行動には倍数性の理論はあてはまらない。膜翅目の社会性昆虫とは逆に、シロアリの場合は同一のカーストにオスもメスも含まれている。それは、シロアリの行動とその遺伝子との関連性の不在を意味するものではなく、関連性は別の原則にもとづくことを意味している。ハミルトンはその論文のなかで、シロアリは自分のきょうだいに対しても、自分の子どもに対しても同様な婚姻関係をもつことを認めた。だが彼にとって、要は、シロアリに適用でき、特定の個体（オスとメスのハタラキアリ）に生殖能力がないことが、なぜその群全体に有益なのかを説明できる「生物経済学的」論拠をみつけることだった（Hamilton 1964 参照）。

こうしたことは、エドワード・オズボーン・ウィルソンの登場がなかったとすれば、専門家たちのかなり狭い集団の内部にとどまっていたことだろう（ウィルソンについては、Slrigh 2005 参照）。ウィルソンはアリのフィールドワーク研究者で、ロバート・マッカーサーとともに島嶼生物学という生物地理学の理論を構築したが、今日では「生物多様性」という語をひろめた人物として知られている。ウィルソンは衝撃的な仕方で社会生物学の領域に入り込んできた（Wilson 1978 によれば、「社会生物学」なる用語は一九四六年にジョン・P・スコットが創り、一九四八年にチャールズ・F・ホケットがもちいた。あちこちでつかわれるようになったのは一九五〇年から一九七〇年にかけての間である）。彼は挑発的な論調にユーモアをただよわせる。ほかの惑星からきた動物学者にとっては、どんな古典文学研究も社会科学も、ホモ・サピエンスを対象にした社会生物学の一部門にしかみえないだろう（Wilson 1975, p. 547）。倫理学を一時的にでも哲学者と決別させて、生物学にくみこむ時がやってきたのではないか（Wilson 1975, p. 562）。翌一九七六年、彼は「生物学、とくに個体群の生物学と、社会科学との区分はすでに存在しない」と断言してはばからなかった（Wilson 1976, p. 217）。なにはともあれ唐突なこの主張を、社会科学の専門家たちは、自分たちの専門分野が統合される脅威とうけとめた。社会行動の生物学的理論は、社会・経済上の不平等、排斥や差別の実情を自然なものだという理由で、正当化しようとしているようにみえるだけに、よけい懸念される脅威だった。研究機関のあいだの対抗意識だけでなく、エピステモロジックな区分が、論争の種となった。

一九八五年、フランス大学出版（ＰＵＦ）がパトリック・トール監修のもとで刊行した著作は『社会生物学の貧困』と題されていた。このタイトルはマルクスの『哲学の貧困』をもじったもので、マルクスの著作自体、プルードンの『貧困の哲学』に対する反論だった。パトリック・トールの著作の目的は、社会生物学について根本的な批判的検討をおこなうことだった。社会生物学は新しい研究分野どころか、遺伝学という新しい衣服をまとった社会ダーウィニズムの変種にすぎない。

一九九三年に出版されたのは、『アリと社会生物学者』。著者ピエール・ジェソンは、予審さえなしにひとつの科学に判決をくだしたとして、社会生物学を擁護した。その四年後、『ラ・ルシェルシュ』誌に掲載された対談で、彼はおなじ論述を展開した。これに対して、国際法を専門とする法律家モニク・シュミリエ＝ジャンドローは、ウィルソンの著作に対する批判をこう締めくくった。「生物学がつきつける新しい問いに直面することを、私たちは受けいれなければならないが、それは、社会生物学が示唆する浅薄な回答ではないことは確かだ」（Chemillier-Gendreau 2001, p. 12）。メアリー・B・キャンベルは、ジョン・ミルトンの時代の英国で描かれたミツバチの姿を豊富な学識をまじえて生きいきとえがいたうえで、ウィルソンのアリの研究に対する警戒をよびかける（Campbell 2006.「自然の道徳的権威」セミナーについては、Daston et Vidal 2004 参照）。これらの研究は、社会生物学に利用され、自然の道徳的権威をよりどころにして、両性間の公正、人種間の公正、同性愛の権利をおびやかしている、彼女はそう主張する。また、クセジュ文庫からミシェル・ヴィユが出した『社会生物学』は、明快で詳細な批判的総括であり、この問題に関心をもつ人には欠かせない著作だろう。そこには、「良質の行動生態学が歳月をかさねるうちに、どのようにして怪しげな社会生物学に変質していったか」が、無用な誇張を抜きにして語られている（Veuille 1997, p. 123）。

社会生物学がまきおこした論争のなかでも、とくに注目したいことが二点ある。

第一の点は、生物のどんな単位で、自然選択が作用するかだ。遺伝子か、個体か、群かなど。基本的にダーウィン理論では、自然選択は、個体にとって有益なものをとどめる。ところが、『人間の進化と性淘汰』（英語の原タイトル The Descent of Man（人間の由来）は長いことLa Descendence de l'homme（人間の系譜）と不適切に仏訳されてきた。パトリック・トールの説を参照）で、ダーウィンは、個人にとっては有益でなくても、その個人が属する集団にとって有益な行動であれば選択されうる、という考えを提起した（Darwin 1999, p. 215-234. パトリック・トールはこの版の序文で進化の可逆的効果というテーマを敷衍している）。これと同じ線上において、ウィルソンは、さまざまなレベルにおける選択のなかに群選択を導入した。しかし、社会生物学の信奉者たちのすべてが、この共通の立脚点をうけいれたわけではない。リチャード・ドーキンスの筆になる一九七六年のベストセラー『利己的な遺伝子』は、あくまでも血縁淘汰だけをあつかっている。ドーキンスにとって、個々の生体は、遺伝子の「複製者」、「伝達者」にすぎない。メディアの人気をさらったドーキンスの隠喩的な表現を借用すれば、個体の利他主義とは、その遺伝子の利己主義にほかならないのだ。外見的には、ウィルソンの説とドーキンスの説の相違はわずかなものにしかみえない。どちらも、ためらいなく人間社会にあてはめられたダーウィン理論の枠内に位置している。しかし、このイギリスの進化学者とアメリカの生物学者ジョアン・ラフガーデンが性淘汰のかわりに「寛容な遺伝子」の概念を導入したが、それで両者の説を論破できるかどうかは疑問だ。ともかくも、ラフガーデンは性的行動、または性の相違のみにかかわる行動の視野を拡大した。彼女は、種によっては、社会性昆虫のコロニーは、多数の女王と、血統の異なるメスの働き手をふくむことを指摘する。驚異的な一例として、日本の北海道の平野には、四万五千のアリの巣がスーパーコロニーをつくっているところがあり、そこにいる女王は百万匹をくだらない（Roughgarden 2012, p. 18）。

第二の点は、自然化についてである。ひとつの行動を自然とみなすことは、必然的にそれを正当化するものだと、人は考えがちだ。じつのところ、結果はそうなるとはかぎらない。あることの解明をこころみることは、その正当性を追究することになるとはかぎらない。霊長類、ホモ・サピエンスを念頭におきながら、他の種を飼育することが道徳的に許されるかどうかを議論するとき、アリとアブラムシの例が答えになるような要素をもたらしうるだろうか。

社会生物学を拒絶する人にせよ、社会生物学を人間学におきかえようとする人にせよ、人間の社会と昆虫の社会は、その相違にもかかわらず、均一性をもつと暗黙のうちに仮定しているのではあるまいか。均一性の仮定がないのなら、人文科学者たちは、社会生物学がひきだしかねない教訓に危機感をいだくまでもないし、自然科学者たちは、社会生物学の領域を拡張しようという欲求にとらわれることもないであろう。

水生昆虫の捕獲　Émile Blanchard, 1877 より．

昆虫は，科学研究，美的創造，哲学的思考に寄与する．

第八章　世界と環境

「言葉を話しなさい、そうすれば洗礼してあげよう」、王立庭園のオランウータンに対して、ポリニャック枢機卿はそう言ったという。『ダランベールの夢』にディドロが記している逸話だが、そこにはヒトとサルとの類縁性に対する当惑があらわれている（Diderot［1769］1964, p. 384-385. Fontenay 1998, p. 329 参照）。その類縁性を、リンネは「霊長目」という概念を導入して、分類学の用語で表現した。進化論は、系統樹でもってその類縁性をきわだたせて、人間中心主義をおびやかし、フロイトの言葉によれば、人間のナルシシズムを傷つけた（Freud［1917］1979, p. 266）。いっぽう、甲殻が外骨格をなしている昆虫は、哺乳類とはまったく異なる原理でかたちづくられている。そのうえ、ちいさいので、重力よりも、接触力のほうがその生活様式に影響する。花のうえにのれるほど軽い建築士、または、天井をはいまわるほど小さな建築士など考えられないので（天井をあるく昆虫については、Guillaume 2001 参照）、ハチの構造物にみる思いがする幾何学的形状の完璧さや、アリ独特のものと考えられる無秩序な繁殖力、そうしたものは容易に――だがもっともらしく――「知的意図」に近い、天の幾何学に帰着させられた(アリを個々別々に観察すると、ぜんぶが同じように熱心に労働しているわけではないことが分かる。Lestel 1985 参照)。このなりゆきは、いってみれば、昆虫を「天の建築士」の小さな手とみなすにいたる(ファーブルの場合のなりゆきの分析は Tort 2002 参照)。つまり、哲学的な動物寓話において、昆虫は神学者の補佐官、サルは自由思想家の同盟者なのだ(Séméria 1985)。

ボディープラン

人間と動物の類縁性は、十八世紀末から十九世紀初頭にかけて論争のまっただなかにあった。一八三〇年、ゲーテは、たずねてきた友人を迎えいれると、興奮したおももちで、少し前にパリで爆発をおこした「火山」について語る。友人は、シャルル十世を転覆した革命のことだとおもい、ポリニャック内閣に言及し、王家は追放されるだろうと答える。ゲーテは待ったをかける。そんな連中はどうでもいい! ゲーテの頭にあるのは、科学アカデミーで、ジョフロワ・サンティレールとキュヴィエが口火を切った論争のことだ(Lacoste 1997, p. 68)。このエピソードがこのんで語られるのは、詩人ゲーテが動植物の形態に興味をもっていた証拠だからであり、それだけでなく、ボディープランの概念がどれほど重要かをしめしているからだ。ジョフロワ・サンティレールが重視したボディープランという概念は、たとえば、人間の腕、クジラの胸ビレ、コウモリの羽を比較するときに、避けてとおれない。ボディープランは、共通の構造を動物界ぜんたいに見いだそうというものなので、比較解剖学を困惑におとしいれる（ジョフロア・サンティレールの思想については、Fischer 1999 参照）。

それは生物変異に賛成か反対かの論争としてとらえられた。じつのところ、脊椎動物と無脊椎動物——したがって人間と昆虫——はおなじプランのもとで構成されているかどうかという問いなのだ。そのプランが共通の歴史の結果かどうかというのが、もうひとつの問いである。ジョルジュ・キュビエは、動物界を大きく四つに分けていた。脊椎動物（人間も含まれる）、軟体動物、体節動物（昆虫も含まれる）、植虫類。これらのそれぞれの区分を特徴づけているのは、独自のプランであって、中間的なものは存在せず、あるプランから別のプランへの移行もない（Lacoste 1997, p. 68）。エティエンヌ・ジョフロワ・サンティレールのほうは逆にこう述べる。「自然はある範囲のなかに閉じこもり、あらゆる生物を唯一のプランにしたがい、本質的に同じ原理にもとづき、変化は付属的部分のみにとどめて、かたちづくったようにおもわれる。」（Geoffroy 1796, p. 20. Geoffroy 1818, p. 408-409 に引用）

といっても、ジョフロワが現在の生物学の知識を先どりしていたとまでいえるだろうか。過去の論争を、最近の発見の光にあてて読みなおすことは、多くの科学史家がもはや踏襲しないアナクロニズムに属する。けれど、アナクロニズムも、十分にわきまえたうえで、節度と限界をもって利用すれば、同一の経験的現実について、理論的に可能な観点を多元化することができ、さらに、比較し対峙させ接近させることができる。

ジョフロワの考えと分子遺伝学とを関連づけて、今日の生物学はボディープラン（体制）という概念を明確なものにした。この分野の研究で、エドワード・ルイス、クリスティーネ・ニュスライン＝

フォルハルト、エリック・ヴィーシャウスが一九九五年、ノーベル生理学医学賞を受賞した（カトリーヌ・ブスケの引用と解説。Bousquet 2003, p. 45）。キイロショウジョウバエは、モーガンとそのチームの研究にきわめて重要な役割をはたしたが、ここでは、発生学と遺伝学とをむすびつける問題提起のモデルとして役立った。二〇〇〇年、『科学史レビュー』に掲載された論文のなかでエルベ・ル・ギャデールが述べているように、一九八〇年代に昆虫にも哺乳類にも共通するホメオティック遺伝子群が発見されたことは、「生物学者たちの世界に衝撃をあたえた。」（Le Guyader 2000, p. 377）それは数多くの成果をもたらしたが、なかでも、この発見のおかげで、昆虫と哺乳類とに共通する祖先を五億五千年前と推定することができた。人類は、その出現のとき以来、陸生節足動物と同じ世界を共有していたのであろうか。

散歩者、イヌ、マダニ

世界という概念は明瞭なようだが、じつはそうではない。アンドレ・ラランドの『語彙』は、プトレマイオスやコペルニクスなどにみられる世界の体系から、規則や習慣をそなえた社会的集団としての世界や、社交家たちの世界にいたるまで、さまざまな語義を分析している。しかしながら、一九三四年に出版された『動物と人間の環境世界散策』で、「世界」という語のもうひとつの語義を提唱したのは、エストニア出身のドイツの生物学者、ヤーコプ・フォン・ユクスキュルであった（ユクスキユルの生涯、政治的な考えかた、とりわけそのナショナリズムについては、Rüting 2004参照)。

農村の住民は、しばしばイヌを連れて森や茂みをあるきまわるので、草むらの茎の先端にぶらさがって、人間と動物という獲物を待ちかまえ、飛びついて腹いっぱい血を吸う微小な生き物に、気づかずにはいなかった。一、二ミリしかない生き物がこうしてエンドウマメほどの大きさに膨れあがる。(Uexküll [1934] 1965, p. 16)

このように状況を設定し、行動を記述したうえで、ユクスキュルはこの小さなドラマの役者たちを紹介する。マダニが八脚であることも忘れていない。マダニは昆虫綱ではなくクモ綱に属することを、この分野につうじている読者に想起させるための配慮だ。なるほど、ダニ目の生物なのだ。

メスは受精すると、通りかかる小型の哺乳類のうえに落ちるか、少し大きな動物にしがみつくのに十分な高さにある小枝の先端まで、八本の脚をつかって這いあがる。

「小枝の先端」までのぼるのに、マダニは光に対するからだの感受性にみちびかれる。目が見えず、音も聞こえないが、マダニは哺乳類の汗が発散する酪酸のにおいでその接近を感知する。そのにおいは、マダニが当の哺乳類めがけて枝さきから離れる「合図」の役割をはたす。何か温かいもののうえに落ちたら、「あとは触知にたよって、動物の皮膚のできるだけ毛の少ない箇処を見つけるだけでよい」。血をたらふく吸うと、マダニは地面に落ち、そこに卵を産みつけて死ぬ。マダニのこのライフサイクルは、興味をひきつける語りと正確な観察とが一体化している点で、ファーブルの『昆虫記』の文体をおもわせる（ユクスキュルはファーブルの仕事を知っていた。とくにオオクジャクヤママユの性的誘惑にかんする言及を参照。Uexküll, *ibid.*, p. 49. 本書三章に前述）。

ユクスキュルは、その観察からみちびきだした論考を読者に説明するために、純粋に「生理学的」解釈と「生物学的」解釈とを区別する。ふたつの用語のこのような使い分けにはおどろかされるが――生理学は生物学の一部ではないか――、生物の機械論的アプローチに対する賛否の論争の問題提起をうきぼりにするという利点がある。「生理学者にとっては、すべての生物は対象であり、人間世界そのもののなかにいる」、ユクスキュルはそう言う（Uexküll, *ibid.*, p. 17）。逆に、生物学者は「すべての生物は、その生物に固有の世界に生きていて、その中心をなしている」。この対比にさらに、ユクスキュルはもうひとつの異論をつけくわえる。生体は機械になぞらえるよりも、「機械の操縦士」になぞらえたほうがよい。

この視点を具体的に説明するために、ユクスキュルは、「花が咲きほこり、テントウムシやコガネムシの翅音がざわめき、チョウがとびかう草原」を例としてあげ、個々の「小動物」がシャボン玉のようなものでつつまれていると想像してほしい、そう読者に語りかける。シャボン玉はこの小動物の環境であり、「主体が利用できるあらゆる特性をそなえている」。かりに私たち自身がシャボン玉のなかに入ってしまうと、「色とりどりの草原の特性の多くが消失してしまい、他の特性が全体から分離して、新しい関係ができあがる。」ユクスキュルはこの論考をこう結んでいる。「それぞれのシャボン玉に新しい世界が創られる」(Uexküll, *ibid.*, p. 14)。この分析に添えられているジョルジュ・クリスザットのデッサンは、たとえば、イヌの目でみる部屋と、ハエの目でみる部屋をえがいている。

ユクスキュルは世界（*Welt*）という概念と、環境（*Umwelt*）という概念をもちいる。両方とも、動物にも人間にも適用している。オランダのボイテンディクが一九五八年にあらわした比較心理学の著作のなかで異をとなえているのは、まさにこの点に関してだ（Buytendijk［1958］1965, p. 54）。「《生体は主体であって、機械ではない》という原則をうちたてた」ユクスキュルを賞賛しながらも、ボイテンディクは「人間にあるのは環境ではなく、世界である」とのべている（Buytendijk, *ibid.*, p. 56. 強調はボイテンディク）。彼が言わんとしているのはこうだ。その世界を前にして、人間はみずからの視点を選び、その選択は完全に自由ではないとしても、動物とちがって、「人間は自分の知識と行為によって存在している」ことはたしかだ。

現象学と動物学

歴史におけるエピステモロジーの視点からの「環境」という概念の変化については、ジョルジュ・カンギレムの論述にもマダニが登場する。カンギレムは、環境が機械論的概念から生物学的概念へと変遷していく過程をたどる。中間的なスペースとしての環境にはじまって、水や空気のような支えとなる流体としての環境にどのように移行していったかをあとづける。それはラマルクの考え方における意味であり、今日私たちが環境と呼んでいるものを、ラマルクは状況と呼んでいた。ダーウィンとともに、環境は生命環境を意味するようになる。カンギレムはそこで、ユクスキュルのマダニについての記述を引き合いにだし、環境の生物学的概念を説いている（Canguilhem［1965］2009, p. 184-186）。

さらに、すべての生物は「自己に固有な世界に生きていて、その中心をなしている」というユクスキュルの分析は、フッサールの著作が端緒をひらいた現象学的アプローチと部分的に共通している。現象学の本質的な直観のひとつは、実際、意識と世界との相関関係である。意識はつねに何かの意識だ。モノ自体に回帰しようという合言葉は、現象の記述へといざなう。となると、その現象の陰にあって、私たちの目にとまらない現実は何かという問いは、放置されたままになる。基本的な難題は、私自身の世界に他の主体が共存していることからくる。フッサールは『デカルト主義的省察』のなかでこう言っている。

経験とは、対象が「原初」としてあたえられる認識のあり方である。実際、他者を経験するとき、われわれは一般的に、自分の前にいるのは、まちがいなく「血肉をそなえた」その人自身だと言う。他方では、「血肉をそなえて」いるからといって、その原初としてあたえられているのは、もうひとつの「私」とは認めないだろう（……）。というのも、その場合、他者の固有性に私が直接接近できるのなら、たとえ一時的にでも、それは私自身にほかならず、私とその人自身とは同一になってしまう。（Husserl [1931]1966, p. 97)

この論理は相互主体性の役割を強調しているが、自然科学が追究するものの意義を否定しているわけではない。フッサールは明言する。「人間と動物との世界の内部に、起源および、精神物理学的・生理的・心理的進化（ゲネジス）といった自然科学でよく知られている問題に、私たちは遭遇する」(Husserl, *ibid.*, p. 120)。

イタリアの哲学者アガンベンは、ユクスキュルの研究があたえた哲学的影響の大きさを指摘し、それは量子力学や、二十世紀初頭の芸術のアバンギャルドと同時代であり、そうした芸術と同様、ユクスキュルの研究は人間中心的な宇宙との決別を刻んだ、と主張する。アガンベンは述べる。

古典的科学がみていたのは、もっとも単純な形態から高等生物まで序列がつけられた、すべての生物を内部にふくむ唯一の世界だったが、逆に、ユクスキュルは知覚しうる無限に多様な世界があって、それぞれが同じように完璧で、巨大な楽譜のように相互に繋がりをもっていると考える（……）。（Agamben 2006, p. 66)

アガンベンはつぎにハイデッガーの世界の概念についての思考を要約する。「ハイデッガーの論述をみちびく赤い糸は、つぎの三つのテーゼよりなる。石には世界がない（*weltloss*）、動物は世界が貧しい（*weltarm*）、人間は世界のつくり手（*weltbildend*）なのだ」（Agamben, *ibid.*, p. 81）。
動物は「世界が貧しい」と表現するとき、ハイデッガーは、彼が生物学をもっとも豊かに描写をしたと考えるユクスキュルから着想をえている。ハイデッガーはユクスキュルを何度も引用していて、その記述を範としていたようだ。つぎの昆虫の行動の分析にその例をみることができる（ハイデッガーがナチズムに協調的だった問題は激しい議論の的になった。しかし、動物の世界にかんする彼の分析が、その政治的不見識にわずかでも関連しているとは思われない。ハイデッガーと動物界にかんしては、エリザベート・ド・フォントネがそのテーマをとりあげている章を参照してほしい。Fontenay 1998, p. 661-675. Pieron 2010 も参照）。

昆虫がはいのぼる草の茎は、その昆虫にとっては草の茎ではなく、農夫がウシの飼料として束ねる干草の一部分でもない。草の茎は昆虫の通路であり、そこで昆虫がもとめているのはただの食物ではなく、その昆虫のための食物なのだ。（Heidegger [1983] 1992, p. 294-295）

現象学とユクスキュルの著作との共通点は、モーリス・メルロ＝ポンティも指摘していた。一九五七年から一九五八年にかけてコレージュ・ド・フランスでの自然をテーマとする講義で、メルロ＝ポンティはマダニのライフサイクルを引き合いにだし、その行動に言及する（Merleau-Ponty 1995,

p. 228-234. メルロ＝ポンティとユクスキュルについては、Ostachuk 2013 参照)。そして、ユクスキュルのつぎの表現を興味ぶかげにとりあげる。「われわれ人間にしても同じで、われわれはそれぞれ他者の環境（*Umwelt*）のなかで生きている。」

それから四十年ほどして、ジル・ドゥルーズとフェリックス・ガタリもまた、『千のプラトー』という謎めいたタイトルの著書のなかで、ユクスキュルの著作に依拠して、マダニのことを語っている(Deleuze et Guattari 1980. 映像番組『ジル・ドゥルーズの「アベセデール」』も参照)。このタイトルは、第一人者という印象を超克するためにつけたもので、序列的順序のない構成をしめしている。文脈はきわめて異なっているのに、同じようにユクスキュルが引き合いにだされていることを、エリザベート・ド・フォントネの『動物たちの沈黙』をはじめとして、何人もの著者が指摘している（Fontenay 1998 参照。Bailly 2007, p. 87, Goetz 2007, Buchanan 2008 も参照)。

この主題は、とはいえ、研究し尽くされたとは言いがたく、マダニという範例はいまでも注目に値する。それは、原因を単純化することで現象を読み解こうとする還元主義に属する。生物学者は、還元主義が、分子生物学、またときには細胞生理学に寄与するのを見慣れている。ユクスキュルのマダニが意表をつくのは、その記述が伝統的な博物学の領域でなされているからだ。その基礎となっているのは、フィールドでの観察と研究室での実験とをもとにしてある行動の再現と解釈をおこなっていることである。研究室での実験は、補足的な情報をもたらすにすぎず、ここでは、マダニが獲物を待っている時間の推定が一例としてあげられている。

動物行動学と動物の倫理

格好な例としてのマダニの利用はひろく知れわたっているが、とはいえ、それはエピステモロジー（科学認識論）とオントロジー（存在論）の分野に限られている。しかし、これを倫理の領域にひろげることは可能だ。そのためには、自分のイヌの血がマダニに吸われている「農村の住人」を観察するだけでよい。伴侶が快適な状態にあることを願う飼い主は、事実かどうかはさておき、マダニがなにかの病原菌をもっているかもしれないと危惧をいだく。飼い主自身がマダニを取りのぞくか、獣医に依頼するか、経験豊富な隣人の手をかりるだろう。ところが、その哺乳動物には必要で、有益な行動が、マダニの死という決定をうけいれることを意味する。だが、誰も、この状況に倫理的な気まずさを生じる難題をみようとはしないだろう。

フロランス・ビュルガが国立農学研究所の『環境通信』誌にブタとカについて書いていることは、マダニとイヌにもあてはまる。

同情心は、他者の苦痛を自分自身のものであるかのように感じとる包容力であり、動物の世界にもおよぶが、たぶん、きわめて小さくて、自分と同一視することが難しく、不可能でさえあり、とりわけ、苦痛や不安の体験は存在しないかもしれないような動物にはいたらないだろう。昆虫を踏みつぶすことにはたして正当な理由があるのかは考えなければならないとしても、ハエを押しつぶすこととブタを殺すことを同一視することはできないだろう。(Burgat 2001, p. 66. 動物界にかんするフロランス・ビュルガの考察については、とくに Burgat 2002, Burgat 2004 参照)

昆虫やダニやクモ類の命が、哺乳類に比べると、軽くみなされるのには、ふたつの論拠がある。ひとつはまったくの主観に属する。もうひとつは、客観性の外観をとる。実際、小型の陸生節足動物(昆虫、クモ類、ムカデ類、ワラジムシ類)と自分を同一視することの難しさは一種の思考のうえでの経験によるが――サイズや構造が違いすぎて、感情移入をしようにもしようがない――、もういっぽうでは、これらの動物は苦痛を感じないとする考えは、知的な推論にささえられていて、そこに介入してくるのは、観察と仮説である。

ある動物に対する扱いが道徳的に非難されるか、無関心にうけとめられるかが、その動物に苦痛を感じる能力があるか否かによるというのはパラドックスだ。ところで、その能力をみきわめるのに引き合いにだされるのは、解剖学的論拠である。神経系や行動学的構造と、その動物の行動にかんする特殊性だ。したがって、昆虫が苦痛を感じるかどうか証明するために、脳が比較的単純なことが論拠として提起され、ひどい傷を負った昆虫がなにごともなかったかのように活動を継続することが強調される。たとえば、ミツバチは腹部を切断されても、蜜を吸いつづける(Uexküll, *Theoretische Biologie*, p. 141. Jollivet et Romano 2009, p. 292-293 の引用にもとづく)。昆虫に対する扱いが法に反するかどうかという問いは、生理学的な問いに対する回答に大きく依拠している。そのことで解剖に矛先が向けられる。だが、解剖は道徳にも科学にも欠かせない道具なのだ。

それだけでなく、迷惑な生き物を駆除することは、その生き物が苦しむとしても、それを知らせることができないだけに、たやすいことである。こうした視点に若干の含みをもたせるためにあげておくが、ハエの脚をむしる子どもの無意識の残酷さは不快感をおこさせる。または、ヒメバチが麻痺させたイモムシのなかに産卵し、孵化した幼虫は、生きたままの虫を内部から食べて育つさまは戦慄をおこさずにはおかない。ダーウィンは、こうした行動を論拠として、植物学者エイサ・グレイへの手紙のなかで、自然神学がえがきだす神の摂理が支配する世界という視点を批判している。

問題の神学的側面についてですが、それは私にとっては心苦しいかぎりで――どうしたらよいのか分かりません――無神論者として書くつもりはもうとうありません。他の人たちのように、自分もそうあるべきなのでしょうが、私には天の意図と恩寵のしるしを周囲にみることができない、といわざるをえません。世界には悲惨なことが多すぎるようにおもわれます。慈悲深い、万能の神が、生きているイモムシのからだを餌にさせるという特別の意図でヒメバチを創造したり、ネコにネズミをもてあそばせたりしたとは、とてもおもえません。そのことが信じられないので、目が特別な意図で創造されたと信じる必要性がみえてきません。もういっぽうでは、この愕くべき宇宙とくに人間の本性をただみているだけで、すべては突然の力の結果だと結論することに甘んじることもできません。すべては創造された法則の結果であり、その詳細は良くも悪しくも、偶然と呼ぶことのできる行動に関連している、私はそう考えたいとおもっています。偶然という概念に満足しているからではありません。総体は人間の知性にはとらえがたいほど深いものだと実感しております。（一八六〇年五月二十二日付）

昆虫や、他の小型体節動物が、私たちにとって意味をもっていることは理解できる。けれど、こうした動物の行動と私たちの行動はとほうもなくかけ離れていて、私たちが感じとれるのは、つかの間の感情移入にすぎない。これに対して、脊椎動物、なかでも恒温脊椎動物——鳥類と哺乳類——は、私たちに共感をあたえるようなかたちで、感情を表現する、つまり、苦痛をあらわす。こうした感情には生物学的な根拠があることを、ジョルジュ・シャプティエはつぎのようにまとめあげている。

したがって、人間は、同類の哺乳類、いや鳥類とさえ根本的に異なっていない。子どもとの愛情の関係や、喜びや怒りの感情表現においても、若干の相違はあるが、サルと類似している社会的・性的関係のあり方においても、大部分の記憶のしくみにおいても。（Chapouthier 2004, p. 108）

ジャック・デリダが飼っている猫にかんしてあざやかな筆致で述べているが（Derrida 2006, p. 20-

21）、この慣れ親しんだ動物の前で裸体になるときに感じるきまり悪さは、ハエやアリには感じないものだ。デリダの言う視線がおよぼす影響は、生きた動物の世界の境界をあきらかにしていて、昆虫や他の小型の陸生節足動物はそこから除外されている。この除外がうきぼりにしているのは、動物に対する人間の倫理的態度のもっとも明白な根拠が同情だとすれば、それは十分ではないし、それを昆虫にあてはめるのはとくに難しい。

人間と動物との関係の領域に法律用語を導入したことは、ひとつのステップであり、それは決定的とみなすことができるだろう（アフェイサとジャンジェーヌ・ヴィルメールによって編集翻訳された本は、動物にかんする倫理について貴重な参照文献となっている。Afeissa & Jeangène Vilmer 2010. Bergandi 2013も参照）。

一九七八年十月、ユネスコ本部で出された「動物の権利の世界宣言」は、修正がくわえられた後、一九九〇年に一般に公開されたが、動物にみとめられるべき権利を列挙している。その前文はすべての生物が共通の起源をもつことを引き合いにだし、人間の動物に対する敬意は、人間どうしの敬意と不可分であることを謳っている。第一条は「すべての動物は、生物学的均衡の枠内で平等の存在権を有する」としているが、つぎの文が限定のかたちをとる。「その平等は種と個体の多様性を阻害するものではない。」この条文は、「すべての動物を尊重する」という主張と、脊椎動物にしか意味をもたない規定とのあいだの重い矛盾をかかえている。カやアリの死骸をどのように「品位をもって」（第三条）あつかうことができるだろうか。「法人格」（第九条）という概念は、ダニやナンキンムシに意味をもつだろうか。

動物の権利の条項を記したことには、法的形式の倫理的考察に似せた形式的枠組みを設定したという利点がある。しかし、この分野における難題は、法的専門性が不十分なことによるものではなく、「動物」という概念にきわめて異なるさまざまな存在が統合されていることによる。論理的には、動物とは「ヒトでないもの」のことであり、それは「トラでないもの」というのと同じくらい不可思議なことだ。（Drouin 2000, p. 58. エリザベート・ド・フォントネやフロランス・ビュルガを含む二十四人の知識人が署名した請願書（*le Monde* du 25 octobre 2013）はこの種の障害を回避している。動物、少なくとも「すべての脊椎動物」に「命と感覚能力をもつ存在の本性」が認められることを要求し、請願書は、動物を「人間と財の中間にある固有の範疇」として位置づけるべく、民法を前進させることを訴えている。）『動物を追う、ゆえに私は〈動物〉である』のなかでジャック・デリダはいう、「動物という語は、トカゲとイヌ、原生動物とイルカ、アリとカイコなどなど、《無限の空間》によって隔てられているまったく異なる存在に、人間が勝手にあたえた呼称なのだ。」（Derrida 2006, p. 54-57）

そこからでてきたのが、契約という視点に立とうではないかという考えだ。いっぽうの側の自然と、もういっぽうの側の人類とをパートナーとして考えるのだ。ミシェル・セールが『自然契約』（一九九〇）のなかで提案しているのがそれである。

となれば自然への回帰！　それが意味するものは、社会的なものに限られていた契約にくわえて、共生と相互性の自然契約をかわすことである。その契約では、私たちとモノとの関係が、賞賛をこめて耳を傾けること、相互性、考察、尊重のための調整と所有の余地をあたえるだろう。

(Serres 1990, p. 67)

パートナーが相互に署名をかわすことができないではないか、という反論がでるのは目にみえていたので、セールは前もってこう応戦している。「古い社会契約」もまた「宣言されたり、書かれたりしているわけではなく」、その「原文、いや複写さえ読んだ人はいない。」その神話では――自然契約は、漠然とした問いを明るみにだすような外観をつくりだすという意味において、神話なのだから――、自然のあらゆる形態が考慮に入れられる。だが、それはグローバルにであって、個々には特別な注目をそそがず、つまり、ある特定の昆虫を喚起させるようなものではない。

おそらくは、こうしたアプローチに触発されたのだろうが、あくまでも日常性にとどまりながら、カトリーヌ・ラレールとラファエル・ラレールは、「ドメスティック契約」(Larrère et Larrère 1997)という概念を提起する。ドメスティック契約は、家畜および馴染みぶかい動物にかんするものである。昆虫については、該当するのは、ミツバチ、それに親密性は若干うすいが、カイコくらいだ。フィリップ・マルシュネが指摘するミツバチのために喪に服する習慣は、養蜂家とミツバチとの契約的関係を如実に物語っている(Marchenay et Beranrd 2007, p. 52, note)。人間と昆虫の暗黙の契約は、ユベール・デュプラがトビケラをもちいておこなった芸術的共同制作のようなかたちをとることもある。

水中生活をするこの幼虫は、ふつうは小石や小枝の破片でつくった蓑虫のような巣にもぐりこむ。この素材を金塊のかけらのような貴金属類や希少物におきかえると、世にも不思議な美しさをもつ袋状の巣となる（http:/trechoptere.hubert-duprat.com/）。

契約および権利の表明は、結果として、動物に対する人間の義務を生みだす。モンテーニュがたくみに表現しているとおりだ。「われわれは、人間に対しては、公正さという義務を負っているのであり、それ以外の被造物に対しては、もし彼らが受けとれるのであれば、恩恵と慈悲という義務を負っているのだ。」（Montaigne 1962, t. I, livre II, chap. XI, p. 478. Larrère et Larrère 1997 に引用）

昆虫は――他の陸生節足動物も同様だが――肉眼で見える領域に存在する最小の生き物だ。昆虫はまた、技術と認識の問題がとわれる最小の生き物でもある。昆虫学者たちは、アリがいかにして最短距離をみつけだすのか、ミツバチがいかにしてすばらしい幾何学的な巣を構築するのかをしめしてくれる。昆虫が一匹だけにされると失敗することを、群になるとなぜ成功するのかを説明し、オオクジャクヤママユが夜間に交尾することを発見し、アリやシロアリの巣における社会的と呼びうる現象に私たちの注意をむけさせ、自己の生存と子孫を残すというしばしば相反する衝動に昆虫がつきうごかされることをえがきだす。

恒温脊椎動物（哺乳類や鳥類）ほど私たちに近くはなく、かといって、植物のように私たちと根本的に異なっているわけでもなく、昆虫は、科学的研究や、芸術的創造や、哲学的思考へといざなうのである。

謝辞

だいいちに、アンヌ＝マリ・ドルーアン＝アンスに感謝する。彼女は本著のタイトルを示唆してくれたばかりか、執筆の期間をつうじて見守ってくれた。そして、原稿を注意ぶかく通読してくださった次の諸氏に謝意を表したい。ベルナデット・バンソード＝ヴァンサン、コレット・ビシュ、フランク・エジェルトン、ジャン＝ジャック・ルヴィーヴル、リュック・パスラ、アニー・プティ、クリスティーヌ・ロラール。また、ロール・デシュテール＝グランコラスは、本著の幾つかの側面を予見するような報告書の存在を指摘してくれた。ロマン・ジュリヤールは参加型科学としての昆虫学について私を啓発し、パスカル・タシーは第二章の分類にかんする記述をチェックしてくれた。モーリス・ミルグラムは第五章を、エレーヌ・ペランは第六章を再読し、パトリック・ブランダンはオオチャイロハナムグリにかんする私の調査を確かめてくれた。また本著は、ジャック・ギシャールのミツバチにかんする卓越した隠喩をテーマとする提起に呼応するものでもある。

訳者あとがき

「翻訳が二つの文化を結ぶ架け橋であるように、あなたが手にしているこの書もまた、科学と文芸の架け橋でありたいと願っています。昆虫学は、昆虫の観察にとりくんだ大勢の人たちの筆になる多数の素晴らしいページを生みだし、それらは私たちを啓発し、思考へといざなってきました。文学者たちは造詣の深さと旺盛な好奇心をみせてくれました。分かち合う情熱のあかしとしての本書を、私は感動をこめてあなたに委ねます。」

著者ジャン゠マルク・ドルーアン氏からの、日本の読者に宛てたメッセージである。

「昆虫の哲学」というタイトルは、いささか意表をつくような印象をあたえるかもしれないが、本書をひとことで要約するとすれば、古代から現代にいたるまで、人間が昆虫をどのようにとらえ、昆虫とどのように接し、どのようにかかわってきたかを、きわめて多面的な視角から綴り、さらに、エコシステムの危機が叫ばれる現代において昆虫学がはたしうる役割を示唆しようと試みるものである。昆虫観は文化によって異なるとドルーアン氏は指摘する。たとえば、江戸時代の歌麿の『画本虫撰』に象徴されるように、昆虫は古くから日本文化にとけこんでいて、それは現代にも引き継がれているいると述べている。

　ドルーアン氏は長年にわたってフランス国立自然史博物館の教授として、研究活動と教育活動に携ってきた。この国立自然史博物館は、古い伝統を誇る世界有数の科学博物館である（昆虫標本だけをとっても一億五千万点をかぞえる）。一六三五年、王立薬草園として創設され、その後さまざまな変遷を経て、フランス革命後の一七九三年、フランス国立博物館となり、基礎研究、応用研究、科学知識の普及という役割を担うにいたった。本書で、著者がしばしばとりあげている生物学者、ビュフォン（一七〇七―一七八八）、ラマルク（一七四四―一八二九）、ラトレイユ（一七六二―一八三三）はいずれも、それぞれの時代におけるこの博物館をささえた人物、いわば、ドルーアン氏の先輩たちである。

　ドルーアン氏は当初より科学哲学を研究テーマとしてきたが、その研究をつづけるうちに、哲学者の視点から昆虫学研究にのりだした。エコシステムという観点からも避けてとおれないテーマである。こうした分野にかんして彼が発表した論文はきわめて多数にのぼる。他の著書としては、自然観を問いなおすことを示唆している『エコロジーとその歴史』（一九九三、フラマリオン）、古代からの植物学論争を歴史的にあとづけた『哲学者たちの植物標本』（二〇〇八、スイユ）がある。本書『昆虫の哲学』は、二〇一四年、アカデミー・フランセーズの「モロン・グランプリ」を受賞している。

　ドルーアン氏は科学知識の普及活動にも熱心で、講演、シンポジウム、アニマシオンに積極的に協力してきた。私事で恐縮だが、この著作を翻訳することになったとき、パリ滞在のおりいつも私に宿を提供してくれる友人が、表紙を見たとたん、すっとんきょうな声をあげた。「この著者、よく知ってるよ！」彼女が科学図書館の副館長をつとめていた時分、ドルーアン氏は、図書館のプロジェクトにかかわる司書や教員をサポートする科学者として、えがたい存在だったという。さっそくドルーアン夫妻を招待してディナーパーティをしようということになった。当時の彼女の同僚たちも数人招いたので、「同窓会」のような雰囲気になった。ドルーアン氏はテーブルの話題の中心になるというよりは、むしろ注意ぶかい聞き手で、ときおりピリッとしたジョークをとばしていた。

彼は日本の研究者たちとも交流がある。二〇〇七年に来日し、東京の日仏会館主催の講演会で、「ジャン＝アンリ・ファーブルをめぐって、フランス文学における昆虫の世界」と題した講演をおこなった。二〇〇八年には、日仏友好百五十年を記念しておこなわれたファーブルに関する二つのシンポジウムに、講師のひとりとして参加した。七月二〇日には、群集生態学者の川那部浩哉氏が館長をつとめる滋賀県立琵琶湖博物館ホールで「フランスの科学と文化におけるファーブルの位置」、ついで七月二六日に東京大学安田講堂で「ファーブルとヨーロッパ・日本における自然の哲学」と題した発表をしている。このシンポジウムには、生物文化史家の小西正泰氏、『昆虫記』の翻訳者、奥本大三郎氏も講演をおこなっている。

本書は、昆虫をめぐって展開されたありとあらゆる論争について考察する。昆虫とはなにか、この単純にして複雑な問いは歴史的論争のまとになった点のひとつであった。アリストテレスはクモやサソリまで昆虫に入れていたし、十八世紀フランスの博物学者レオミュールは、ワニまで昆虫に分類することを提案していた。また、人間に比してはるかに小型なその存在は、スケール効果にかんする議論のきっかけとなった。ハチやアリの巣に君臨しているのは王か女王かも、さんざん論じられた謎だった。昆虫学者の文体はプルーストのような作家にも影響をあたえ、社会生活をする昆虫は、共和制、王制、奴隷制度、労働といった人間社会の制度をめぐる議論とかさねられ、その議論はカール・マルクスまで動員した。

こうして昆虫学は生物学の他の分野はもちろんのこと、医学や物理学や数学ともかかわりをもってきたし、文学や芸術の着想の源となり、政治や哲学の議論の素材となった。現代では、昆虫学が提起しているのは、むしろ、生物多様性の問題、人間と他の生物が共存するための倫理的課題だろうと、著者は示唆している。そうした意味で、本書は、「昆虫にかんするエピステモロジーの書」とも言えるだろう。

原書では、膨大な数の注が巻末にまとめられていたが、この方式では参照しにくいので、訳書では、本文中の括弧内に小文字でおさめた。注に記された欧文の著者名と刊行年は、巻末の参照文献に対応し、注で示されるページ数はその文献中のものである。

本書の訳出に際して、訳者の質問に懇切丁寧に答えてくださり、カバー装画に素敵な自筆デッサンをつかうことを許してくださった著者ジャン＝マルク・ドルーアン氏、専門家の立場から分類学用語などについて助言してくださった牧岡俊樹氏、翻訳の企画にはじまり編集製作の労をとってくださった、みすず書房の尾方邦雄氏に心からお礼もうしあげます。

二〇一六年四月　　　　　　　　　　　　辻　由美

人名索引

ア行

アインシュタイン，アルバート（1879-1955） 162-163
アガンベン，ジョルジョ 195-196
アトラン，アンリ 144
アフェイサ，ヒシャム＝ステファン 202
安部公房（1924-1993） 76
アムルー，レミー 112
アリストテレス（前384-322） 19, 21, 23, 34-35, 83-84
アルキメデス（前287?-212） 22
アンリ４世（1553-1610） 148
ヴァイヤン，セバスティアン（1669-1722） 158
ヴィーシャウス，エリック・F 190
ヴィット，ペーター 121
ヴイユ，ミシェル 183
ウィーラー，ウィリアム・モートン（1865-1937） 36, 70, 96, 138
ウィルソン，エドワード・O 16, 138-139, 141, 182-184
ヴィレー，ジュリアン＝ジョゼフ（1775-1846） 105
ウェルギリウス（前70-19） 80-81
ウェルズ，ハーバート・ジョージ（1866-1937） 8
ウェルベル，ベルナール 8
ウォラストン，トーマス・ヴァーノン（1822-1878） 47
ヴォルテッラ，ヴィート（1860-1940） 152
ヴォルテール（1694-1778） 14, 126-127, 129
ウォレス，アルフレッド・ラッセル（1823-1913） 170-171
エガートン，フランク 61
エスピナス，アルフレッド（1844-1922） 95, 116
オウィディウス（前43-後17） 122
大杉栄（1885-1923） 75
オル，リンダ 95

カ行

カイヨワ，ロジェ（1913-1978） 65
カヴェントゥ，ジョゼフ（1795 1877） 151
カーソン，レイチェル（1907-1964） 155
ガタリ，フェリックス（1930-1992） 197
カトルファージュ，アルマン・ド（1810-1892） 105
カフカ，フランツ（1883-1924） 9
カプラン，エドワード・K 95
カメラリウスこと，カメラー，ルドルフ・ヤーコプ（1665-1721） 158
ガリレイ，ガリレオ（1564-1642） 21-23, 27-28
カールソン，ペーター 61
カルダン，ジェローム（1501-1576） 87
カンギレム，ジョルジュ（1904-1995） 193-194
カンブフォール，イヴ 149
喜多川歌麿（1753-1806） 75
キャロル，ルイス（1832-1898） 15, 29
キャンベル，メアリー・B 86, 183
キュヴィエ，ジョルジュ（1769-1832） 42-45, 188-189
ギュスドルフ，ジョルジュ 95
キュニョ，アラン 161

ギリスピー，チャールズ・C　42
グイエ，アンリ（1898-1994）　57
クエノー，リュシアン　176
クセノポン（前426-355）　82-83
グラセ，ピエール＝ポール　140
グラッシ，ジョヴァンニ・バッティスタ（1854-1952）　151
クリスザット，ジョルジュ　193
クリュゼ，フランソワ　164
グールド，スティーヴン・ジェイ（1941-2002）　23-24, 58
クルノー，アントワーヌ・オーギュスタン（1801-1877）　25-26
グールモン，レミ・ド（1858-1915）　19, 65
グレイ，エイサ（1810-1888）　200
グロズ，ロニ　163
クロポトキン，ピョートル（1842-1921）　111
クーン，トーマス（1922-1996）　91
ゲーテ，ヨハン・ヴォルフガング・フォン（1749-1832）　188
ゲドナー，クリストファー　160
ケトルウェル，バーナード（1907-1979）　173
ケーニッヒ，サムエル（1712-1757）　126-130, 143
ゲヨン，ジャン　173
ケールロイター，ヨーゼフ・ゴットリープ（1733-1806）　160
コクトー，ジャン（1889-1963）　62
ゴーシュ，アミタヴ　151
ゴードン，デボラ・M　141, 143
コペルニクス，ニコラウス（1473-1543）　190
コーラー，ロバート・E　178
ゴールディング，ウィリアム（1911-1993）　178
コルネ，ヴィクトル　19
コレンス，カール（1864-1933）　176
コンパニョン，アントワーヌ　74

サ行

サリュ，フレデリック（1798-1861）　24
ジェソン，ピエール　183
ジエルゾン，ヤン（1811-1906）　180
シガノス，アンドレ　9
ジッド，アンドレ（1869-1951）　56
シャトレ夫人，エミリー（1706-1749）　126-127
ジャネル，ルネ（1879-1965）　174
ジャノリ，グザヴィエ　164
シャプティエ，ジョルジュ　201
シャブロル，クロード（1930-2010）　57
シャルル10世（1757-1836）　188
ジャンジェーヌ・ヴィルメール　202
ジャンセン，サラ　153-154
シュール，ピエール＝マクシム（1902-1984）　28
ジュシュー，アントワーヌ＝ローラン・ド　44
シュプレンゲル，クリスチャン・コンラッド（1750-1816）　160
シュミット＝ニールセン，クヌート（1915-2007）　23
シュミリエール＝ジャンドロー，モニック　183
ジュリーヌ，クリスティーヌ（1776-1812）　78
ジュリーヌ，ルイ（1751-1819）　78
シュリ公（1559-1641）　148
ショーヴァン，レミー　139
ジョフロワ・サンティレール，エティエンヌ（1772-1844）　188-189
シーラッハ，アダム・ゴットロフ（1724-1773）　101
スウィフト，ジョナサン（1667-1745）　14, 25, 30
スコット，ジョン・P　182
スターティヴァント，アルフレッド・ヘン

リー（1891-1970） 176
スミス，アダム（1723-1790） 90
スレー，シャーロット 135, 141, 148
スワンメルダム，ヤン（1637-1680） 43, 87-88, 91, 94, 125
セール，オリヴィエ・ド（1539-1619） 147-148
セール，ミシェル 203-204
セルバンテス，ミゲル・デ（1547-1616） 87
ソクラテス 8, 82

タ行

ダーウィン，チャールズ（1809-1882） 6, 45-48, 108, 110-111, 132-134, 136-137, 171, 184, 194
ダギラール，ジャック 91, 153, 167
ダグラス，ゴードン 13
タシー，パスカル 31
ダンコーナ，ウンベルト 152
ダンツィグ，ジョージ 142
チェルマク，エーリヒ・フォン（1871-1962） 176
ティシエ，ドミニク 23
ディドロ，ドゥニ（1713-1784）
ティボー，ジャン＝マルク 51
ティンバーゲン，ニコ（1907-1988） 180
テヴェノ，メルシセデック（1620-1692） 125
テオプラストス（前371頃-287） 157
デオム，クリスティーヌ 147
デオム，ピエール 147
デカルト，ルネ（1596-1650） 146
勅使河原宏（1927-2001） 76
デスノス，ロベール（1900-1945） 8, 12, 28
デニオ，イーヴ 164
デューラー，アルブレヒト（1471-1528） 54
デュフール，レオン 59, 63
デュプラ，ユベール 204
デュメジル，ジョルジュ（1898-1986） 100
デュルケーム，エミール（1858-1917） 117
デリダ，ジャック（1930-2004） 201-203
デリーユ，ジャック（1738-1813） 100
デルヴィス・ブロートン，L. R. 112
テロラーズ，ギー（1860-1848） 140
ドゥヴォス，エマニュエル 164
ドゥズー，ピエール 65
トゥスネル，アルフォンス（1803-1885） 102
ドゥルーズ，ジル（1925-1995） 56, 197
ドーキンス，リチャード 184
ドジソン，チャールズ（キャロル，ルイスをみよ） 15
ドヌブール，ジャン＝ルイ 140
ドパルデュー，ジェラール 164
ドーバントン，ルイ・ジャン＝マリー（1716-1799） 99, 166
ドブジャンスキー，セオドシウス（1900-1975） 178-179
ドブズ，アーサー（1689-1765） 158-159
ド・フリース，ユーゴー（1848-1935） 176
トムソン，ダーシー・ウェントワース（1860-1948） 14, 23-24, 26, 123, 135
ドラ＝キュビエール，ミシェル（1752-1820） 116
ドラージュ，イヴ（1854-1920） 19
ドラグラーヴ，シャルル 59
ドリゴ，マルコ 142
トール，パトリック 182-184

ナ行

ナボコフ，ウラジーミル（1899-1977） 58

ナポレオン1世（1769-1821）　43
ニュスライン＝フォルハルト，クリスティアーネ　189
ノディエ，シャルル（1780-1844）　58

ハ行

ハイデッガー，マルティン（1889-1976）　196
バシュラール，ガストン　146
パスカル，ブレーズ（1623-1662）　13, 25, 30
パストゥール，ルイ（1822-1895）　148
ハッチンソン，ジョージ・イヴリン（1903-1991）　31
パップス（アレキサンドリアの）（４世紀）　125
バトラー，チャールズ　85-86
パネット，レジナルド（1875-1967）　172-173
ハーバー，クララ（1970-1915）（旧姓イメルファー）　154
ハーバー，フリッツ（1868-1934）　154
ハミルトン，ウィリアム　180-181
バルト，ロラン　95, 107-108
バンヴェニスト，エミール　117-119
ピタゴラス（前582-496）　123
ビッシュ，コレット　54
ヒトラー，アドルフ（1889-1945）　154
ビートルズ　8
ピノー＝ソランセン，マドレーヌ　78
ビュフォン，ジョルジュ＝ルイ・ルクレール・ド　6, 37, 91, 130-132, 142, 166
ビュルガ，フロランス　198-199, 203
ファヴァレル，ジエオ　117
ファブリシウス，ヨハン・クリスチャン（1745-1808）　40, 43-44
ファーブル，ジャン＝アンリ（1823-1915）　7, 19, 59-76, 108-111, 113, 122, 134-135, 137, 148, 188, 192
ブーヴィエ，ルイ・ウジェーヌ　36, 117
フォード，エドマンド・B（1901-1988）　173
フォレル，オーギュスト＝アンリ（1848-1931）　96, 104, 117
フォン・フリッシュ，カール（1886-1982）　180
フォントネ，エリザベート・ド　197, 203
フォントネル，ベルナール・ル・ボヴィエ・ド（1657-1757）　88, 129, 143
ブツァーティ，ディーノ　8
フッサール，エドムント（1859-1938）　194-195
プトレマイオス，クラウディウス（83頃-168頃）　190
プパール，フランソワ（1616-1708）　5
プラトー，フェリックス（1841-1883）　18
プラトン（前427-347）　8, 97, 123
ブランシャール，エミール　18, 145
プランション，ジュール・エミール（1823-1888）　156
ブランダン，パトリック　163-164
フーリエ，シャルル（1772-1837）　102
フリードリッヒ２世（1712-1786）　129
ブリッジス，カルヴィン（1889-1938）　176
フリッシュ，カール・フォン　16, 118
プリニウス（23-79）　84-85
ブリュアン，アリスティド　148
プリュシュ，ノエル・アントワーヌ（1688-1761）　90-91
ブリュナン，フランソワ　92
ブルジョワ，ルイーズ　29
プルースト，マルセル（1871-1922）　56-57, 62
プルードン，ピエール・ジョゼフ（1809-1865）　183
プレヴォスト，ピエール（1751-1839）　24

フロイト，ジグムント（1856-1939）　112, 187
プロシアン，アラン　23
ブロートン，デルヴィス　112
フロリアン，ジャン＝ピエール・クラリス・ド（1755-1794）　71
ベイツ，ヘンリー・ウォルター（1825-1892）　169-170
ベイトソン，ウィリアム（1861-1926）　172
ベーコン，フランシス　121
ヘニッヒ，ヴィリー（1913-1976）　48-51
ペヨことキュリフォール，ピエール　13
ペラン，エレーヌ　148
ペリエ，エドモン　116
ベルクソン，アンリ　112-115
ベルクマン，カール　24
ペルティエ，ピエール（1788-1842）　151
ヘルドブラー，バート　16
ベルトロ，マルセラン　107
ベルナルダン・ド・サン＝ピエール，ジャック＝アンリ　166-167
ベルヌーイ，ヤコブ（1654-1705）　123
ペレス，シャルル　36
ポアンカレ，アンリ（1854-1912）　27-28
ボイテンディク，フレデリック・ヤコブス・ヨハネス（1887-1974）　193
ホケット，チャールズ・F　182
ボナー，ジョン・タイラー　23-24
ボナパルト，マリー（1882-1962）　112
ボナボー，エリック　140
ボネ，シャルル（1720-1793）　92
ポリアコフ，レオン（1910-1997）　102
ポリニャック，メルシオール・ド（1661-1741）　187, 189
ホールデン，ジョン・バードン・サンダースン（1892-1964）　20, 31
ボルヘス，ホルヘ・ルイス（1899-1986）　166

マ行

マシス，アンリ　56
マッカーサー，ロバート（1930-1972）　182
マラー，ハーマン・ジョーゼフ（1890-1967）　176
マラルディ，ジャコーモ・フィリッポ（1665-1729）　126, 130
マルクス，カール（1818-1883）　120, 183
マルシュネ，フィリップ　204
マルシリ，エレーヌ・デュ・ムティエ・ド（18世紀）　78
マレー，ウージェーヌ（1871-1936）　137
マンソン，パトリック（1844-1922）　151
マンデヴィル，バーナード（1670-1733）　89-91
ミアラレ，アテナイス（1826-1899）　95
ミシュレ，ジュール（1798-1874）　11, 16, 56, 94-95, 98, 101, 105-108
ミショー，ルイ＝ガブリエル（1773-1858）　90
ミッテラン，フランソワ（1916-1996）　120
ミューラー，パウル・ヘルマン（1899-1965）　154
ミューラー，フリッツ（1821-1897）　171
ミュルサン，マルシアル・エティエンヌ（1797-1880）　15-16, 77
ミラー，ウィリアム・H（1801-1880）　134
ミラー，フィリップ（1691-1771）　159
ミルトン，ジョン（1608-1674）　183
ムルトゥー，ポール　57
メーテルリンク，モーリス（1862-1949）　18-19, 96, 111-113, 138
メーリアン，マリア・シビラ（1647-1717）　78
メルロ＝ポンティ，モーリス（1908-1961）　196

メンデル, グレゴール・ヨハン(1822-1884)　172, 175-178
モーガン, トーマス・ハント (1866-1945)　176, 178, 190
モグリッジ, ジョン・トラハーン (1842-1874)　70
モーツァルト　136
モーペルチュイ, ピエール・ルイ・モロー (1698-1759)　127, 129
モランジュ, ミシェル　176
モンテーニュ, ミシェル・ド (1533-1592)　86, 205

ヤ行

ユクスキュル, ヤーコプ・フォン (1864-1944)　190-197
ユベール, ピエール (1777-1840)　91-92, 97, 99-101, 103-104, 106, 108
ユベール, フランソワ (1750-1931)　91-92, 95-96, 101, 130
ユンガー, エルネスト (1895-1998)　58

ラ行

ライプニッツ, ゴットフリート・ウィルヘルム (1646-1716)　127
ライリー, チャールズ・ヴァレンティン (1843-1895)　155
ラヴラン, アルフォンス (1845-1922)　151
ラセーヌ, アントワーヌ　98
ラトゥール, ブリュノ　151
ラトレイユ, ピエール=アンドレ (1762-1833)　7, 15, 40, 42-43, 94, 97, 99, 101, 116
ラ・フォンテーヌ, ジャン・ド(1621-1695)　69-71
ラフガーデン, ジョアン　185
ラマルク, ジャン=バティスト(1744-1829)　7, 33-34, 41-43, 52, 136-137, 174, 194
ラモー, ジャン=フランソワ (1805-1878)　24
ラモール, ドナルド・H　71, 74
ラランド, アンドレ　116, 190
ラレール, カトリーヌ　204
ラレール, ラファエル　204
リモージュ, カミーユ　160
リュエラン, ジャック　115
リュッシャー, マルティン　61
リンネ, カール・フォン (1707-1778)　15, 34, 37-39, 46, 52, 158, 161
ルイス, エドワード・B (1918-2004)　189
ル・ギャデール, エルヴェ　48, 190
ル・ゴフ, ジャック (1924-2014)　100
ルコアントル, ギヨーム　48
ルサージュ, ジョルジュ=ルイ(1724-1803)　24
ルソー, ジャン=ジャック (1712-1778)　57, 166-167
ルプルティエ, アメデ　サン=ファルジョー伯 (1779-1845)　92-93, 98, 100, 103, 105
ルポリ, ロラン　149
ルレンソ, ウィルソン・R　67
レイ, ジョン (1627-1705)　61, 125
レヴィ=ストロース, クロード (1908-2009)　48
レオミュール, ルネ=アントワーヌ・フェルショー・ド(1683-1757)　6-7, 35-37, 52, 69-70, 86-88, 91, 94, 115, 125-126, 130, 138, 159
レッサー, フリードリッヒ・クリスティアン (1656-1724)　122, 135
ロス, ロナルド (1857-1932)　151-153
ロトカ, アレフレッド(1880-1949)　152
ローレンツ, コンラート (1903-1989)　181

参照文献

Anonyme, ([1848] 1855), *Promenades d'un naturaliste par M.V.O.*, 3ᵉ éd., Tours, Mame. Contient « Promenade entomologique ou Entretien sur les particularités les plus remarquables de l'histoire naturelle des insectes », p. 141-232.

Anonyme, « The Evolution of Honeycomb », dans *The Darwin Correspondence Project*, Seccord (dir.), 2011. En ligne :< http://www.darwinproject.ac.uk/the-evolution-of-honey-comb >

Acot, Pascal, (1981a), « L'Histoire de la lutte biologique. Première partie :Des origines à la découverte du pouvoir insecticide du DDT », *Le Courrier de la nature,* nº 75, sept.-oct., p. 2-8.

Acot, Pascal, (1981b), « L'Histoire de la lutte biologique. Deuxième partie :De la découverte des nouveaux insecticides, du DDT à la lutte intégrée », *Le Courrier de la nature,* nº 76, nov.-déc., p. 8-12.

Acot, Pascal (éd.), (1998), « The structuring of Communities », *The European Origins of Scientific Ecology*, Amsterdam, EAC, vol. I, p. 151-165.

Afeissa, Hicham-Stéphane ; Jeangène Vilmer, Jean-Baptiste (éd.), (2010), *Philosophie animale. Difference, responsabilité et communauté,* Paris, Vrin.

Agamben, Giorgio, (2006), *L'Ouvert. De l'homme et de l'animal* [2002], traduit de l'italien par Joël Gayraud, Paris, Rivages.（アガンベン『開かれ　人間と動物』岡田温司・多賀健太郎訳　平凡社ライブラリー　2011）

Aguilar, Jacques d', Préface, dans Robert, Paul-André, *Les Insectes,* édition mise à jour par Jacques d'Aguilar, Lausanne et Paris, Delachaux et Niestlé, 2001.

Aguilar, Jacques d', (2006), *Histoire de l'entomologie*, Paris, Delachaux et Niestlé.

Aguilar, Jacques d', (2008), « Jan Swammerdam, ou le génie envoûté », *Insectes*, nº 151, 2008, p. 23-24.

Aguilar, Jacques d', (2011), « Riley ou une trop éclatante réussite », *Insectes*, nº 160, p. 23-24.

Alaya, Ines ; Solnon, Christine ; Ghedira, Khaled, ([2005] 2007), « Optimisation par colonies de fourmis pour le problème du sac à dos multidimensionnel », *Technique et Science informatiques* (TSI), 26, nº 3-4, p. 371-390 (première soumission à *Technique et science informatiques*, le 25 février 2005). En ligne :< http://liris.cnrs.fr/csolnon/publications/TSI2006.pdf >

Albert, Jean-Pierre, (1989), « La Ruche d'Aristote : science, philosophie,mythologie », *L'Homme*, 29, nº 110, p. 94-116.

Albouy, Vincent, (2006), « Sauterelles ou Ephémères ? De la lettre du texte à la réalité quotidienne », *Insectes*, nº 146, p. 41-42.

Albouy, Vincent, (2007), « La génération spontanée des Abeilles : fable paysanne ou mythe érudit ? », *Insectes*, nº 145, p. 22.

Amouroux, Rémy, (2007), « De l'entomologie à la psychanalyse », *Gesnerus*, 64, p. 219-230 (à propos de Delves Broughton, 1927).

Appel, Toby, (1987), *The Cuvier-Geoffroy Debate. French Biology in the Decades before Darwin*, Oxford, Oxford University Press.

Aristote, (1997), *Politique,* texte établi et traduit par Jean Aubonnet, préface de Jean-Louis Labarrière, Paris, Gallimard, «Tel».（アリストテレス『政治学』牛田徳子訳　京都大学学術出版会　2001）

Aristote, (1994), *Histoire des animaux,* trad. Janine Bertier, Paris, Gallimard, «Folio essais».（『アリストテレス全集』8-9「動物誌」金子善彦・濱岡剛・伊藤雅巳・金澤修訳　岩波書店　2015）

Aristote, (2002), *De la génération des animaux* [1961], trad. par Pierre Louis, Paris, Les Belles Lettres.（『アリストテレス全集』9「動物発生論」島崎三郎訳　岩波書店　1988）

Arnould, Pierre, 1975, «Les sciences physiologiques et physico-chimiques», numéro spécial du centenaire (1874-1974) de la *Revue des Annales médicales de Nancy*. En ligne :<http://www.professeurs-medecinenancy.fr/Rameaux_J.htm>

Aron, Serge ; Passera, Luc, (2000), *Les Sociétés animales : évolution de la coopération et de l'organisation sociale*, Bruxelles, De Boeck Université.

Atlan, Henri, (2011), *Le Vivant post-génomique ou Qu'est-ce que l'auto-organisation?*, Paris, Odile Jacob.

Bachelard, Gaston, ([1938] 1969), *Formation de l'esprit scientifique*, Paris, Vrin.（バシュラール『科学的精神の形成』及川馥訳　平凡社　2012）

Bacon, Francis, *Novum organum* [1620], Paris, PUF, 2001.（ベーコン『ノヴム・オルガヌム 新機関』桂寿一訳　岩波文庫　1978）

Badinter, Élisabeth, (1999), *Les Passions intellectuelles*, I, *Désirs de gloire, 1735-1751*, Paris, Fayard.

Bailly, Auguste, (1931), *Maeterlinck*, Paris, Firmin-Didot.

Bailly, Jean-Christophe, (2007), *Le Versant animal*, Paris, Bayard.

Barataud, Bérangère, (2004), «Des insectes comme nouvelle source de médicaments», *Insectes*, n° 132, p. 29-32.

Barbault, Robert ; Weber, Jacques, (2010), *La Vie, quelle entreprise ! Pour une révolution écologique de l'économie*, Paris, Seuil, «Science ouverte».

Barthes, Roland, (1954), *Michelet*, Paris, Seuil.（バルト『ミシュレ』藤本治訳　みすず書房　2002）

Bates, Henry Walter, (1862), «Contributions to an Insect Fauna of the Amazon Valley», *Transactions of the Linnean Society of London*, vol. XXIII, p. 495-566.

Becker, R. ; Goss, S. ; Deneubourg, J.-L. ; Pasteels, J.-M., (1989) «Colony Size, Communication and Ant Foraging Strategy», *Psyche*, 96, n° 3-4, p. 239-256.

Benecke, Mark, (2001), «A Brief History of Forensic Entomology», *Forensic Science International*, 120, p. 2-14.

Bensaude-Vincent, Bernadette ; Stengers, Isabelle, (1993), *Histoire de la chimie,* Paris, La Découverte.

Bensaude-Vincent, Bernadette ; Drouin, Jean-Marc, (1996), «Nature for the People», dans Jardine, Nick ; Secord, Jim ; Spary, Emma (dir.), *Cultures of Natural History*, Cambridge, Cambridge

University Press, p. 408-425.

Benveniste, Émile, (1966), *Problèmes de linguistique générale*, Paris, Gallimard.（バンヴェニスト『一般言語学の諸問題』岸本通夫監訳　みすず書房　1983）

Bergandi, Donato (éd.), (2013), *The Structural Links between Ecology Evolution and Ethics, The Virtuous Epistemic Circle*, Dordrecht, Springer.

Bergson, Henri, ([1907] 1962), *L'Évolution créatrice*, Paris, PUF.（ベルクソン『ベルクソン全集』4「創造的進化」竹内信夫訳　白水社　2014）

Bergson, Henri, ([1919] 1964), *L'Énergie spirituelle*, Paris, PUF.（ベルクソン『ベルクソン全集』5「精神のエネルギー」竹内信夫訳　白水社　2015）

Bergson, Henri, ([1932] 1962), *Les Deux Sources de la morale et de la religion*, Paris, PUF.（ベルクソン『道徳と宗教の二つの源泉』合田正人・小野浩太郎訳　ちくま学芸文庫　2015）

Bernardin de Saint-Pierre, Jacques-Henri, ([1784] 1840), *Les Études de la nature. Étude première*, dans *Œuvres*, Paris, Ledentu.

Berthelot, Marcellin, (1886) « Les cités animales et leur évolution », dans *Science et Philosophie*, Paris, Calmann-Lévy, p. 172-184.

Berthelot, Marcellin, dans Michelet, Jules, *L'Insecte*, Paris, Calmann-Lévy, 1903. Le texte de Berthelot, désigné comme « Étude » sur la page de titre, est intitulé « Lettre à monsieur Ludovic Halévy ». Il occupe les pages 1 à 39, avant l'introduction de Michelet, paginée iii à xxxix.

Berthelot, Marcellin, (1897), « Les sociétés animales. Les invasions des Fourmis ; le potentiel moral », dans *Science et Morale*, Paris, Calmann-Lévy, p. 313-331.

Berthelot, Marcellin, (1905), « Les Insectes pirates. Les cités des Guêpes », dans *Science et Libre pensée*, Paris, Calmann-Lévy, p. 366-401.

Bessière, Gustave, (1963), *Le Calcul intégral facile et attrayant*, 2e éd., Paris, Dunod.

Beurois, Christophe, (2001), « La protection de l'entomofaune, un outil du développement durable ? », *Insectes*, nº 121, p. 3-5.

Bible (La), (1973), traduction, introduction et notes par Émile Osty et Joseph Trinquet, Paris, Seuil.（『聖書』）

Bitsch, Colette, (2014), « Le Mâitre du codex Cocharelli : Enlumineur et pionnier dans l'observation des insectes » dans Laurence Talairach-Vielmas et Marie Bouchet (éd.), *Insects in Literature and the Arts*, Bruxelles, Peter Lang.

Bitsch, Colette, « Des sciences naturelles avant la lettre : le surprenant bestiaire des Cocharelli », Thema, Muséum de Toulouse. En ligne :< http://www.museum.toulouse.fr/-/des-sciences-naturelles-avant-la-lettre-lesurprenant-bestiaire-des-cocharelli- >

Bizé, Veronique, (2001), « Les "insectes" dans la tradition orale », *Insectes*, nº 120, p. 9-12.

Blanchard, Émile, ([1868] 1877), *Métamorphoses, mœurs et instincts des Insectes (Insectes, Myriapodes, Arachnides, Crustacés)*, Paris, Germer Baillière.

Bonabeau, Éric ; Theraulaz, Guy, (2000), « L'intelligence en essaim », *Pour la science*, nº 271, p. 66-73.

Borges, Jorge Luis, (1989), *Un Mapa del Imperio, que tenia el Tamano del Imperio*, dans *Obras completas*, t. II, Buenos Aires, Emecé.（ボルヘス「学問の厳密さについて」『汚辱の世界

史』中村健二訳　岩波文庫　2012）

Borges, Jorge Luis, (1999), *Œuvres complètes*, t. II, éd. par Jean-Pierre Bernes, Paris, Gallimard, « Bibliothèque de la Pléiade ».

Bouligand, Yves ; Lepescheux, Liên, (1998), « La théorie des transformations », *La Recherche*, nº 305, p. 31-33.

Bousquet, Catherine, (2003), *Bêtes de science*, Paris, Seuil, « Science ouverte ».

Bousquet, Catherine, (2013), *Maupertuis : corsaire de la pensée*, Paris, Seuil, « Science ouverte ».

Bouvier, Louis Eugene, (1926), *Le Communisme chez les Insectes*, Paris, Ernest Flammarion.

Bremond, Jean ; Lessertisseur, Jacques, (1973), « Lamarck et l'entomologie », *Revue d'histoire des sciences*, t. XXVI, nº 3, p. 231-250.

Brénner, Anastasios, (2003), *Les Origines françaises de la philosophie des sciences*, Paris, PUF.

Bretislav, Friedrich [2005-2006], « Fritz Haber (1868-1934) ». En ligne :<http://www.fhi-berlin.mpg.de/history/Friedrich_HaberArticle.pdf>

Brooks III, John I., (1998) « The Eclectic Legacy », *Academic Philosophy and the Human Sciences in Nineteenth-Century France*, Newark, University of Delaware Press.

Buchanan, Brett, (2008), *Onto-ethologies, the Animal Environments of Uexküll, Heidegger, Merleau-Ponty and Deleuze*, Albany, State University of New York Press.

Buffon, Georges-Louis, (1749), *Histoire naturelle*, t. I, Paris, Imprimerie royale. En ligne :<http://www buffon.cnrs.fr>（『ビュフォンの博物誌』荒俣宏監修・ベカエール直美訳　工作舎　1991）

Buffon, Georges-Louis, (1753), *Histoire naturelle*, t. IV, Paris, Imprimerie royale. En ligne :<http://www.buffon.cnrs.fr>（『ビュフォンの博物誌』）

Buffon, Georges-Louis, (2007), *Œuvres*, textes choisis et présentés par Stéphane Schmitt (avec la collaboration de Cédric Crémière), Paris, Gallimard, « Bibliothèque de la Pléiade ».

Burgat, Florence, (2001), « La demande concernant le bien-être animal », *Le Courrier de l'environnement de l'INRA*, nº 44, p. 65-68.

Burgat, Florence, (2002), « La "dignite de l'animal", une intrusion dans la métaphysique du propre de l'homme », *L'Homme*, 161, janvier-mars, p. 197-203.

Burgat, Florence, (2004), « Animalité », *Encyclopadia Universalis*.

Burkhardt, Richard W., (1973), « Latreille, Pierre-André », dans Charles C. Gillispie (éd.), *Dictionary of Scientific Biography*, New York, Scribner, vol. VIII, p. 49-50.

Buscaglia, Marino, (1987), « La zoologie », dans Trembley, Jacques (éd.), *Les Savants genevois dans l'Europe intellectuelle du xvii*ᵉ *au milieu du xix*ᵉ *siecle*, Genève, Éditions du *Journal de Genève*, p. 267-328.

Butler, Charles, (1609), *The Feminine Monarchie, or a Treatise Concerning Bees and the Due Ordering of Bees*, Oxford.

Buytendijk, Frederik Jacobus Johannes, ([1958] 1965), *L'Homme et l'Animal*, trad. en français par Rémi Laureillard, Paris, Gallimard, « Idees »［原書は *Mensch und Tier*, Hambourg, Rowohlt］.（ボイテンディク『人間と動物』浜中淑彦訳　みすず書房　1995）

Buzzati, Dino, (1998), *Les Fourmis*, dans Charles Ficat (éd.), *Histoires de Fourmis*, Paris, Les Belles

Lettres (Sortilèges), p. 7-8.

Caillois, Roger, (1934), « La Mante religieuse », *Minotaure*, nº 5, p. 23-26.

Cambefort, Yves, (1994), *Le Scarabée et les dieux. Essai sur la signification symbolique et mythique des Coléoptères*, Paris, Boubée.

Cambefort, Yves, (1999), *L'Œuvre de Jean-Henri Fabre*, Paris, Delagrave.

Cambefort, Yves (ed.), (2002), *Jean-Henri Fabre. Lettres inédites à Charles Delagrave*, Paris, Delagrave.

Cambefort, Yves, (2004), « Artistes, médecins et curieux aux origines de l'entomologie moderne (1450-1650) », *Bulletin d'histoire et d'épistémologie des sciences de la vie*, vol. XI, nº 1, p. 3-29.

Cambefort, Yves, (2006), *Des Coléoptères, des collections et des hommes*, Paris, Muséum national d'histoire naturelle.

Cambefort, Yves, (2007), « Entomologie et melancolie. Quelques aspects du symbolisme des insectes dans l'art europeen du xive au xxie siècle »/« Entomology and Melancholy. Some Aspects of Insect Symbolism in European Art from the 14th to the 21st Century », dans Edmond Dounias, Motte Florac Elisabeth et Dunham Margaret (dir.), *Le Symbolisme des animaux. L'animal, clef de voûte de la relation entre l'homme et la nature ?/Animal Symbolism. Animals, Keystone in the Relationship between Man and Nature ?*, Montpellier/Paris, IRD, p. 393-423.

Cambefort, Yves, (2010), « Des Scarabées et des hommes : histoire des Coléoptères de l'Égypte ancienne à nos jours », dans Laurence Talairach- Vielmas et Marie Bouchet (ed.), *Spinning Webs of Wonder : Insects and Texts, Actes du colloque Explora*, 4-5 mai 2010, publications du Museum d'histoire naturelle de Toulouse, p. 169-208.

Camerarius, (1694), « Epistola ad D. Mich. Bern. Valentini de sexu plantarum », Tubingen ; republié dans Gmelin, Johann Georg, *Sermo academicus de novorum vegetabilium…*, Tübingen, 1749, p. 83-148, et dans Mikan, Johan Christian, *Opuscula botanici argumenti*, Prague, 1797, p. 43-117.

Campbell, Mary B., (2006), « Busy Bees. Utopia, Dystopia and the Very Small », *Journal of Medieval and Early Modern Studies*, 36, p. 619-642.

Canard, Frederik (dir.), (2008), *Au fil des Araignées*, Rennes, Apogée.

Canguilhem, Georges, ([1965] 2009), « Le vivant et son milieu », dans *La Connaissance de la vie*, Paris, Vrin.

Carroll, Lewis, (1865), *Alice's Adventures in Wonderland*, London, Macmillan and Co. ; *Les Aventures d'Alice au pays des merveilles,* édition de Jean Gattegno, Gallimard, « Folio Classique », 2005.（キャロル『不思議の国のアリス』高山宏訳　亜紀書房　2015；河合祥一郎訳　角川文庫　2010）

Carroy, Jacqueline ; Richard, Nathalie (dir.), (1998), *La Découverte et ses récits en sciences humaines*, Paris, L'Harmattan.

Carson, Rachel, (1962), *Silent Spring*, Boston, Houghton Mifflin ; *Printemps silencieux*, Editions Wildproject, « Domaine sauvage », 2009.（カーソン『沈黙の春』青木簗一訳　新潮社　2004）

Carton, Yves ; Sorensen, Conner ; Smith, Janet ; Smith, Edward, (2007), « Une coopération

exemplaire entre entomologistes français et américains pendant la crise du Phylloxéra en France (1868-1895) », *Annales de la Société entomologique de France* (n.s.), 43, 1, p. 103-125.

Carton, Yves, (2011), *Entomologie, Darwin et Darwinisme*, Paris, Hermann. Caullery, Maurice (éd.), (1942), « Développement historique de nos connaissances sur la biologie des Abeilles », dans *Biologie des Abeilles*, PUF, Paris, p. 1-26.

Chansigaud, Valerie, (2011), « De l'histoire naturelle a l'environnementalisme : les enjeux de l'amateur », *Alliage*, « Amateurs ? », nº 69, p. 62-70.

Chappey, Jean-Luc, (2009), *Des naturalistes en Révolution. Les procès-verbaux de la Société d'histoire naturelle de Paris (1790-1798)*, préface de Pietro Corsi, Paris, Éditions du Comité des travaux historiques et scientifiques (CTHS).

Chapouthier, Georges (dir.), (2004), *L'Animal humain. Traits et spécificités,* Paris, L'Harmattan.

Chauvin, Rémy, (1974), « Les sociétés les plus complexes chez les Insectes », *Communications*, 22, p. 63-71.

Chemillier-Gendreau, Monique, (2001), « Sociobiologie, liberté scientifique, liberté politique. Une critique de Edward Wilson », *Mouvement*, nº 17, p. 88-98.

Cherix, Daniel, (1989), « De Voltaire aux Fourmis en passant par les Abeilles ou petite chronique de la famille Huber de Genève », *Actes des colloques Insectes sociaux*, p. 1-7.

Chinery, Michael, ([1973] 1976), *Les Insectes d'Europe en couleurs*, Elsevier Séquoia, Paris, Bruxelles.

Clark, John Finley Mcdiarmid, (1997), « "A Little People but Exceedingly Wise?" Taming the Ant and the Savage in Nineteenth-Century England », *La Lettre de la Maison française*, Oxford, VII, p. 65-83.

Coco, Emanuele, (2007), *Etologia*, Firenze et Milano, Giunti.

Cocteau, Jean, (1963), « Lettre de Marcel Proust à Jean Cocteau », *Bulletin de la Société des amis de Marcel Proust et des amis de Combray*, nº 13, p. 3-5.

Cohen, Yves ; Drouin, Jean-Marc (dir.), (1989), « Les Amateurs de sciences et de techniques », *Cahiers d'histoire et de philosophie des sciences*, nº 27.

Collectif, *Alliage*, (2011), « Amateurs ? », nº 69.

Coluzzi, Mario ; Gachelin, Gabriel ; Hardy, Anne ; Opinel, Annick (éd.), (2008), « Insects and Illnesses : Contributions to the History of Medical Entomology », *Parassitologia*, vol. L, nº 3-4, p. 157-330.

Compagnon, Antoine, (2001), *Théorie de la littérature : la notion de genre littéraire*, Paris IV Sorbonne. En ligne :< http://www.fabula.org/compagnon/genre.php >

Cook, Laurence, (2003) « The Rise and Fall of the *Carbonaria* Form of the Peppered Moth », *Quaterly Review of Biology*, 76, nº 4, p. 399-417.

Cornetz, Victor, (1922), « Remy de Gourmont, J.-H. Fabre et les Fourmis », *Mercure de France*, CLVIII, p. 27-39.

Corsi, Pietro, (2001), *Lamarck. Genèse et enjeux du transformisme, 1770-1830*, Paris, CNRS éditions.

Cournot, Antoine-Augustin, ([1875] 1987), *Materialisme. Vitalisme. Rationalisme. Étude sur l'emploi des données de la science en philosophie*, réédition par Claire Salomon-Bayet, Paris, Vrin.

Courtin, Remi, (2005a), « Insectes et Arthropodes de la Bible, 1re partie », *Insectes*, nº 137, p. 35-36.

Illustrations Marianne Alexandre.

Courtin, Remi, (2005b), « Insectes et Arthropodes de la Bible, 2e partie », *Insectes*, nº 138, p. 34-35. Illustrations Marianne Alexandre.

Crossley, Ceri, (1990), « Toussenel et la femme », *Cahiers Charles Fourier*, nº 1, décembre, p. 51-65. En ligne :< http://www.charlesfourier.fr/article.php3?id_article = 7 >

Cugno, Alain, (2011), *La Libellule et le Philosophe*, Paris, L'Iconoclaste.

Cuvier, Georges, ([1810] 1989), *Chimie et sciences de la nature*, *Rapports a l'Empereur*, présentation et notes sous la direction d'Yves Laissus, t. II, Paris, Belin.

Dajoz, Roger, (1963), *Les Animaux nuisibles*, Paris, La Farandole.

Darchen, Roger, (1958), « Construction et reconstruction de la cellule des rayons d'*Apis mellifera* », *Insectes sociaux*, t. V, nº 4, p. 357-371.

Darwin, Charles, (1859), *On the Origin of Species* [1859], London, John Murray. Reprint Cambridge (Mass.), Harvard University Press, 1964 ; (2008), *L'Origine des espèces*, trad. d'Edmond Barbier, revue et complétée par Daniel Becquemont, introduction, chronologie, bibliographie par Jean-Marc Drouin, Paris, Flammarion ; (2013), *L'Origine des espèces*, trad., présentation et annotations par Thierry Hoquet, Paris, Seuil, « Sources du savoir ».（ダーウィン『種の起源』渡辺政隆訳　光文社古典新訳文庫　2009）

Darwin, Charles, (1871), *The Descent of Man and Selection in Relation to Sex*, London, John Murray (2 vol.) ; (1999), *La Filiation de l'homme et la sélection liée au sexe*, trad. coordonnée par Michel Prum, précédée de Patrick Tort, *L'Anthropologie inattendue de Charles Darwin,* Paris, Syllepse.（ダーウィン『人間の進化と性淘汰』長谷川眞理子訳　文一総合出版　1999）

Darwin, Charles, (1991), *The Correspondence of Charles Darwin*, éd. par Frederick Burkhardt, Sydney Smith *et al.*, vol. VII, 1858-1859 ; Cambridge, Cambridge University Press. En ligne :< http://www.darwinproject.ac.uk/entry-2814 >

Daston, Lorraine ; Vidal, Fernando (ed.) (2004), *The Moral Authority of Nature*, Chicago, Chicago University Press.

Daubenton, Louis Jean-Marie, ([1795] 2006), « Leçons d'histoire naturelle », dans Étienne Guyon (dir.), *L'École normale de l'an III, Leçons de Physique, de Chimie, d'Histoire naturelle*, Paris, Éditions Rue d'Ulm, p. 395-572.

Daudin, Henri, (1926-1927) a, *De Linne a Lamarck. Methodes de la classification et idée de série en botanique et en zoologie (1740-1770)*, Paris, Félix Alcan, 1926 (2 vol.). Réimpression en fac-similé, Paris, Éditions des Archives contemporaines, 1983 (2 vol.).

Daudin, Henri, (1926-1927) b, *Cuvier et Lamarck : les classes zoologiques et l'idée de série animale (1790-1830)*, Paris, Félix Alcan, 1926-1927. Réimpression en fac-similé, Paris, Éditions des Archives contemporaines, 1983.

Dawkins, Richard, *Le Gène égoïste*, trad. de l'anglais par Laura Ovion, Paris, Armand Colin, 1990 [1re éd. *The Selfish Gene*, New York, Oxford University Press, 1976].（ドーキンズ『利己的な遺伝子』日高敏雄・岸由二・羽田節子・垂水雄二訳　紀伊國屋書店　2006）

Delage, Yves, (1913), « La dégradation progressive de la richesse physiologique », *Revue scientifique*,

51, 3, 19 juillet 1913, p. 65-69.

Delange, Yves, (1989), Préface à Fabre, Jean-Henri, *Souvenirs entomologiques,* Paris, Laffont, « Bouquins », p. 1-117.

Delange, Yves *et al.*, (2003), *Jean-Henri Fabre, un autre regard sur l'insecte*, Rodez, Conseil généal de l'Aveyron.

Delaporte, François, (2008), « The Discovery of the Vector of Robles Disease », dans Coluzi, Mario ; Gachelin, Gabriel ; Hardy, Anne ; Opinel, Annick (ed.), *Insects and Illnesses : Contributions to the History of Medical Entomology, Parassitologia*, 50, nº 3-4, p. 227-231.

Delaporte, Yves, (1987), « *Sublaevigatus* ou *subloevigatus ?* Les usages sociaux de la nomenclature chez les entomologistes », Jacques Hainard ; Roland Kaehr (dir.), *Des animaux et des hommes*, Neuchâtel, Musée d'ethnographie, p. 187-212.

Delaporte, Yves, (1989), « Les entomologistes amateurs : un statut ambigu », dans Yves Cohen ; Jean-Marc Drouin (dir.), *Les Amateurs de sciences et de techniques, Cahiers d'histoire et de philosophie des sciences*, Paris, nº 27, p. 175-190.

Deleuze, Gilles, ([1964] 1970), *Proust et les signes*, Paris, PUF.（ドゥルーズ『プルーストとシーニュ』宇波彰訳　法政大学出版局　1997）

Deleuze, Gilles, *Abécédaire*, (1998), avec Claire Parnet, réalisation Pierre-André Boutang. Vidéo éditions Montparnasse.（『ジル・ドゥルーズの「アベセデール」』DVD　國分功一郎監修　角川学芸出版　2015）

Deleuze, Gilles ; Guattari, Félix, (1980), *Mille plateaux,* Paris, Éditions de Minuit.（ドゥルーズ『千のプラトー　資本主義と分裂症』宇野邦一・小沢秋広・田中敏彦・豊崎光一・宮林寛・守中高明訳　河出書房新社　2010）

Delille, Jacques, (1808), *Les Trois Règnes de la Nature* (2 tomes), Paris, H. Nicolle.

Delves Broughton, L. R., (1927), « Vues analytiques sur la vie des Abeilles et des Termites », trad. en français par Marie Bonaparte, *Revue française de psychanalyse*, p. 562-567.

Delves Broughton, L. R., (1928), « Vom Leben der Bienen und Termiten Psychoanalytsche Bermekungen », *Imago*, p. 142-146.

Deneubourg, Jean-Louis *et al.*, (1991), « The Dynamic of Collective Sorting. Robot-like Ants and Ant-like Robots », dans J. A. Meyer and S. Wilson (ed.), *From Animals to Animats*, Cambridge, MIT Press/Bradford Books, p. 356-365.

Deneubourg, Jean-Louis ; Pasteels, Jacques ; Verhaeghe, Jean-Claude, « Quand l'erreur alimente l'imagination d'une société : le cas des fourmis », *Nouvelles de la science et des technologies*, vol. II, 1984, p. 47-52.

Déom, Pierre, ([1975] 2010), *La Hulotte*, Spécial Mouches à miel, nº 28-29, p. 60.

Derrida, Jacques, (2006), *L'Animal que donc je suis*, éd. établie par Marie- Louise Mallet, Paris, Galilée.（デリダ『動物を追う、ゆえに私は〈動物で〉ある』マレ編　鵜飼哲訳　筑摩書房　2014）

Descartes, René, ([1641] 1953), *Méditations métaphysiques*, dans *Œuvres et lettres*, Paris, Gallimard, « Bibliothèque de la Pléiade ».（デカルト『省察』山田弘明訳　ちくま学芸文庫　2006）

Desutter-Grandcolas, Laure ; Robillard, Tony, (2004), « Acoustic Evolution in Crickets : Need for

Phylogenetic Study and a Reappraisal of signal Effectiveness», *An. Acad. Bras. Ciênc.*, 76, 2, Rio de Janeiro, juin 2004. En ligne :<http://www.scielo.br/scielo.php?pid=S0001-37652004000200019& script=sci_arttext>

Deutsch, Jean, (2012), *Le Gène, un concept en évolution*, préface de Jean Gayon, Paris, Seuil, «Science ouverte».（ドゥーシュ『進化する遺伝子概念』佐藤直樹訳　みすず書房　2015）

Dew, Nicholas, (2013) «The Hive and the Pendulum : Universal Metrology and Baroque Science», dans Gal, Ofer ; Chen-Morris, Raz (éd.), *Science in the Age of Baroque*, Dordrecht, Springer, p. 239-255.

Diderot, Denis, [(1769) 1964], *Le Rêve de d'Alembert*, Paris, Garnier.（ディドロ『ダランベールの夢』杉捷夫訳　法政大学出版局　2013）

Didier, Bruno, (2005), «Métier : entomologiste. Claire Villemant», *Insectes*, nº 138, p. 23-27.

Dobbs, Arthur, (1750), «A Letter [⋯] Concerning Bees and their Method of Gathering Wax and Honey», *Philosophical Transactions of the Royal Society*, vol. XLVI, p. 536-549.

Dobzhansky, Theodosius, (1969), *L'Hérédité et la nature humaine*, trad. Simone Pasteur, Paris, Flammarion.

Dorat-Cubieres, Michel, (1793), *Les Abeilles ou l'Heureux Gouvernement* Paris, Gerod et Tessier.

Douzou, Pierre, (1985), *Les Bricoleurs du septième jour*, Paris, Fayard.

Drouin, Jean-Marc, (1987), «Du terrain au laboratoire. Réaumur et l'histoire des Fourmis», *ASTER, Recherches en didactique des sciences expérimentales*, nº 5, p. 35-47.

Drouin, Jean-Marc, (1989), «Mendel, côté jardin», dans M. Serres (dir.), *Éléments d'histoire des sciences*, Paris, Bordas, p. 406-421.

Drouin, Jean-Marc, ([1991] 1993), *L'Écologie et son histoire*, Paris, Flammarion, «Champs».

Drouin, Jean-Marc, (1992), «L'image des sociétés d'insectes en France à l'époque de la Révolution», *Revue de synthèse*, vol. IV, p. 333-345.

Drouin, Jean-Marc, (1995), «Les curiosités d'un physicien», dans J. Dhombres (dir.), *Aventures scientifiques en Poitou-Charentes du xvi*ᵉ *au xx*ᵉ *siècle,* Poitiers, Editions de «L'actualité Poitou-Charentes», p. 196-209.

Drouin, Jean-Marc, (2000), «Le théâtre de la nature», dans Catherine Larrère (dir.), *Nature vive*, Paris, Nathan et MNHN, p. 48-61.

Drouin, Jean-Marc, (2001), «Rousseau, Bernardin de Saint-Pierre et l'histoire naturelle», *Dix-huitieme siècle*, nº 33, p. 507-516.

Drouin, Jean-Marc, (2005), «Ants and Bees Between the French and the Darwinian Revolution», *Ludus Vitalis*, vol. XII, nº 24, p. 3-14.

Drouin, Jean-Marc, (2007), «Quelle dimension pour le vivant?», dans Thierry Martin (dir.), *Le Tout et les parties dans les systèmes naturels*, Paris, Vuibert, p. 107-114.

Drouin, Jean-Marc, (2008), *L'Herbier des philosophes*, Paris, Seuil, «Science ouverte».

Drouin, Jean-Marc, (2011), «Les amateurs d'histoire naturelle : promenades, collectes, et controverses», *Alliage*, «Amateurs?», nº 69, p. 35-47.

Drouin, Jean-Marc, (2013), «Three Philosophical Approaches to Entomology», dans Hanne Andersen ; Dennis Dieks ; Wenceslao J. Gonzalez ; Thomas Uebel ; Gregory Wheeler (éd.),

New Challenges to Philosophy of Science, The Philosophy of Science in a European Perspective 4, Dordrecht, Heidelberg, New York, London, Springer, p. 377-386.

Drouin, Jean-Marc ; Lenay, Charles, (1990), *Théories de l'évolution. Une anthologie,* Paris, Presses Pocket.

Duby, Georges (dir.), (1971), *Histoire de la France*, Paris, Larousse (3 vol.).

Duchesne Henri-Gabriel ; Macquer, Pierre Joseph (1797), *Manuel du naturaliste*, 2e éd., t. I, Paris, Rémont.

Dudley, Robert, (1998), « Atmospheric Oxygen, Giant Paleozoic Insects and the Evolution of Aerial Locomotor Performance », *The Journal of Experimental Biology*, nº 261, p. 1043-1050.

Dupont, Jean-Claude, (2002), « Les molécules pheromonales. Éléments d'épistémologie historique », *Philosophia Scientiae*, 6, p. 100-122.

Dupuis, Claude, (1974), « Pierre-André Latreille (1762-1833) : the Foremost Entomologist of his Time », *Annual Review of Entomology,* vol. XIX, p. 1-13.

Dupuis, Claude, (1992), « Permanence et actualité de la Systématique. Regards épistémologiques sur la taxinomie cladiste », *Cahiers des Naturalistes* (n.s.), t. XLVIII, fasc. 2, p. 29-53.

Duris, Pascal, (1991), « Quatre lettres inédites de Jean-Henri Fabre à Léon Dufour », *Revue d'histoire des sciences*, vol. XLIV, nº 2, p. 203-218.

Duris, Pascal ; Diaz, Elvire, (1987), *Petite histoire naturelle de la première moitié du xixe siècle : Léon Dufour (1780-1865)*, Bordeaux, Presses universitaires de Bordeaux.

Durkheim, Émile ([1922] 1968), *Education et sociologie*, Paris, PUF, « SUP ».

Dzierzon, Jan, « L'accouplement recemment observé d'une ouvrière avec un faux bourdon peut-il ébranler ma théorie ? », éd. par J.B. Leriche, Bordeaux, imprimerie Durand, 1884, p. 1-8.

Egerton, Frank N., (2005), « A History of the Ecological Sciences, Part 17 : Invertebrates Zoology and Parasitology during the 1600s », *Bulletin of the ESA*, 86, nº 3, p. 133-144. En ligne :< http://www.esajournals.org/loi/ebul >

Egerton, Frank N., (2006), « A History of the Ecological Sciences, Part 21 : Reaumur and the History of Insects », *Bulletin of the ESA,* 87, nº 3, p. 212-224.

Egerton, Frank N., (2008), « A History of the Ecological Sciences, Part 30 : Invertebrate Zoology and Parasitology during the 1700s », *Bulletin of the ESA,* 89, nº 4, p. 407-433.

Egerton, Frank N., (2012a), « A History of the Ecological Sciences, Part 41 : Victorian Naturalists in Amazonia – Wallace, Bates, Spruce », *Bulletin of the ESA*, 93, nº 1, p. 35-59.

Egerton, Frank N., (2012b), *Roots of Ecology : Antiquity to Haeckel*, Berkeley, University of California Press.

Egerton, Frank N., (2013), « A History of the Ecological Sciences, Part 45 : Ecological Aspects of Entomology during the 1800s », *Bulletin of the ESA*, 94, nº 1, p. 36-88.

Elliott, Brent, (2011), « Philip Miller as a Natural Philosopher », *Occasional Papers from the RHS Library*, vol. V, p. 3-48 (en ligne) [RHS = Royal Society of Horticulture].

Espinas, Alfred, ([1878] 1977), *Des sociétés animales*, 2e éd., Paris, Germer, Baillière et Cie. Reprint, New York, Arno Press.

Fabre, Jean-Henri, (1855), « Observations sur les mœurs des Cerceris et sur les causes de la longue conservation des Coléoptères dont ils approvisionnent leurs larves », *Annales des sciences naturelles,* 4e série, Zoologie, t. IV, 3, p. 129-150.

Fabre, Jean-Henri, ([1873] 1922], *Les Auxiliaires, récits sur les animaux utiles à l'agriculture*, Paris, Delagrave.

Fabre, Jean-Henri, (1925), *Souvenirs entomologiques*, Paris, Delagrave (10 vol.).（ファーブル『昆虫記』奥本大三郎訳　集英社　2005～；山田吉彦・林達夫訳　岩波文庫　1993；第１巻のみ　大杉栄訳　ぱる出版　2011）

Fabre, Jean-Henri, ([1925] 1989), *Souvenirs entomologiques,* edition etablie par Yves Delange, Paris, Robert Laffont, « Bouquins » (2 vol.).

Farley, Michael, « L'institutionnalisation de l'entomologie française », *Bulletin de la Société entomologique de France*, nº 88, 1983, p. 134-143.

Fauquet, Eric, (1990), *Michelet ou la Gloire du professeur d'histoire*, Paris, Le Cerf.

Favarel, Geo, (1945), *Démocratie et dictature chez les Insectes*, Paris, Flammarion.

Favier, Jean, (1991), *Les Grandes Decouvertes d'Alexandre à Magellan*, Paris, Fayard.

Feuerhahn, Wolf, (2011), « Les "sociétés animales" : un défi à l'ordre savant », *Romantisme*, nº 154, p. 35-51.

Fischer, Jean-Louis, (1979), « Yves Delage (1854-1920) : l'épigenèse néo-lamarckienne contre la prédétermination weismannienne », *Revue de synthèse,* nº 95-96, p. 443-461.

Fischer, Jean-Louis ; Henrotte, Jean-Georges, (1998), « Mimétisme chez les Papillons », *Pour la science,* nº 251, p. 56-62.

Fischer, Jean-Louis, (1999), « Les manuscrits égyptiens d'Etienne Geoffroy Saint-Hilaire », dans *L'Expedition d'Égypte, une entreprise des Lumières*, éd. P. Bret, Institut de France, Académie des sciences, Tec et Doc Lavoisier, p. 243-259.

Fontenay, Élisabeth de, (1998), *Le Silence des bêtes. La philosophie à l'épreuve de l'animalité*, Paris, Fayard（フォントネ『動物たちの沈黙――《動物性》をめぐる哲学試論』石田和男・小幡谷友二・早川文敏訳　彩流社　2008）

Fontenelle, Bernard Le Bovier de, ([1686] 1990), *Entretiens sur la pluralite des mondes*, Paris, L'Aube.（フォントネル『世界の複数性についての対話』赤木昭三訳　工作舎　1992）

Fontenelle, Bernard Le Bovier de, ([1709] 1825), « Éloge de François Poupart », dans *Œuvres*, t. I, *Éloges*, Paris, Salmon et Peytieux, p. 209-212.

Fontenelle, Bernard Le Bovier de, (1741), *Histoire de l'Académie Royale des sciences pour l'année 1739*, Paris, Imprimerie royale, p. 30-35.

Forel, Auguste, (1874), *Les Fourmis de la Suisse,* Bâle, Genève, Lyon, H. Georg.

Freud, Sigmund, ([1917] 1979), *Introduction à la psychanalyse*, trad. Samuel Jankélévitch, Paris, Payot, « Petite Bibliothèque ».（フロイト『精神分析入門』安田徳太郎・安田一郎訳　角川書店　2012-2013）

Frisch, Karl von, ([1953] 1969), *Vie et mœurs des Abeilles [Aus dem Leben der Bienen]*, trad. de l'allemand par André Dalcq, préface de l'éd. Française par Pierre-Paul Grassé, Paris, Éditions J'ai

lu.（フリッシュ『ミツバチの生活から』桑原万寿太郎訳　筑摩書房　1997）
Frisch, Karl von, ([1955] 1959), *Dix petits hôtes de nos maisons [Zehn kleine Hausgenossen]*, trad. de l'allemand par Andre Dalcq, Paris, Albin Michel.
Frisch, Karl von, ([1957] 1987), *Le Professeur des Abeilles. Mémoires d'un biologiste, [Erinnerungen eines Biologen]*, trad. de l'allemand par Michel Martin et Jean-Paul Guiot, préface de Roger Darchen, Paris, Belin.

Gachelin, Gabriel, (2011), « Être médecin et amateur sous les Tropiques », *Alliage*, n° 69, p. 48-61.
Gachelin, Gabriel, « Laveran Alphonse (1845-1922) », dans *Encyclopadia Universalis*. En ligne s.d.
Gachelin, Gabriel, « Paludisme : découverte du parasite » dans *Encyclopadia Universalis*. En ligne. s.d.
Galilee, ([1638] 1970), *Discours et démonstrations mathématiques concernant deux sciences nouvelles*, trad. et notes par Maurice Clavelin, Paris, Armand Colin.（ガリレオ・ガリレイ『新科学対話』今野武雄・日田節次訳　岩波文庫　1995）
Galperin, Charles, (2006), « À l'école de la Drosophile. L'emboîtement des modèles » dans Gachelin, Gabriel, *Les Organismes modeles dans la recherche médicale*, Paris, PUF, p. 209-228.
Gaudry, Emmanuel, (2010), « L'entomologie légale : une machine à remonter le temps », *Les Amis du Museum national d'histoire naturelle*, n° 243, p. 36-39.
Gayon, Jean, (1992), *Darwin et l'apres-Darwin, une histoire du concept de selection naturelle*, Paris, Kime.
Gayon, Jean, (2006), « Les organismes modeles en biologie et en medecine » dans Gachelin, Gabriel, *Les Organismes modeles dans la recherché médicale*, Paris, PUF, p. 9-43.
Geoffroy Saint-Hilaire, Étienne, (1796), « Mémoire sur les rapports naturels des Makis Lemur L. et description d'une espèce nouvelle de Mammiferes », *Magasin encyclopédique*, t. I, p. 20-50.
Geoffroy Saint-Hilaire, Étienne, (1818), *Philosophie anatomique*, Pichon et Didier, Paris.
Ghosh, Amitav, ([1996] 2008), *The Calcutta Chromosome. A Novel of Fevers, Delirium and Discovery*, New Delhi, Ravi Dayal, et London, Penguin Books.（ゴーシュ『カルカッタ染色体』伊藤真訳　DHC　2003）
Gillispie, Charles C., (1997) « De l'histoire naturelle à la biologie : relations entre les programmes de recherche de Cuvier, Lamarck et Geoffroy Saint-Hilaire », dans Claude Blanckaert *et al.* (dir.), *Le Muséum au premier siècle de son histoire*, Paris, MNHN.
Goetz, Benoit, (2007), « L'Araignée, le Lézard et la Tique : Deleuze et Heidegger lecteurs de Uexküll », *Le Portique*, 20 (en ligne).
Golding, William, (1954). *The Lord of the Flies*, London, Faber and Faber ; *Sa Majesté des Mouches*, Belin/Gallimard, 2008.（ゴールディング『蠅の王』平井正穂訳　集英社文庫　2009）
Gomel, Luc, (2003), « Jean-Henri Fabre et les Fourmis », dans Delange, Yves *et al.*, *Jean-Henri Fabre, un autre regard sur l'Insecte*, Rodez, Conseil general de l'Aveyron, p. 251-263.
Gorceix, Paul, (2005), *Maurice Maeterlinck, l'Arpenteur de l'invisible*, Bruxelles, Le Cri. Gordon, Deborah M., « Wittgenstein and Ant-Watching », *Biology and Philosophy*, vol. VII, 1992, p. 13-25.
Gordon, Deborah M., (1996), « The Organization of Work in Social Insect Colonies », *Nature*, 380,

p. 121-124.

Gordon, Deborah M., (2007), « Control without Hierarchy », *Nature*, 446, p. 143.

Gouhier, Henri, (1963), *Rousseau et Voltaire. Portraits dans deux miroirs*, Paris.

Gouillard, Jean, (2004). *Histoire des entomologistes français (1750-1950)*, Paris, Société nouvelle des éditions Boubée, Paris.

Gould, James L. ; Gould, Carol Grant, ([1988] 1993), *Les Abeilles*, trad. par Pierre Bertrand, Paris, Belin, *Pour la science*.

Gould, Stephen Jay, « La classification et l'anatomie des Arthropodes » dans *La vie est belle. Les surprises de l'évolution* [éd. or., *Wonderful Life*, 1989], trad. par Marcel Blanc, Paris, Seuil, 1991, p. 110-114.（グールド『ワンダフル・ライフ』渡辺政隆訳　ハヤカワ文庫 NF 2000）

Gould, Stephen Jay, ([2002] 2004), *Cette vision de la vie* [ed. or., *I Have Landed*], trad. par Christian Jeanmougin, Paris, Seuil, « Science ouverte ».（グールド『ぼくは上陸している』渡辺政隆訳　早川書房　2011）

Gourmont, Remy de, (1903), *La Physique de l'amour*, Paris, Mercure de France.（グールモン『愛の自然学　性本能について』小島俊明訳　社会思想社　1969）

Gourmont, Remy de, [(1907] 1925-1931), « Le sadisme » dans *Promenades philosophiques*, Paris, Mercure de France, vol. II, p. 269-275.

Grasse, Pierre-Paul, (1959), « La reconstruction du nid et les coordinations interindividuelles chez *Bellicositermes natalensi* et *Cubitermes* sp. : la theorie de la stigmergie. Essai d'interpretation des termites constructeurs », *Insectes sociaux*, vol. VI, nº 1, p. 41-83.

Grasse, Pierre-Paul *et al.*, (1962), *La Vie et l'œuvre de Réaumur (1683-1757)*, Paris, PUF.

Grasse, Pierre-Paul, *Zoologie*, 2e éd., Paris, Masson, 1985 (2 vol.).

Grimaldi, David, (2001), « Insect Evolutionary History from Handlisch to Hennig and Beyond », *Journal of Paleontology*, 75, nº 6, p. 1152-1160.

Guillaume, Marie, (2001), « Dis pourquoi les mouches peuvent-elles marcher au plafond ? », *Insectes*, nº 122, p. 37.

Gusdorf, Georges, (1985), *Le Savoir romantique de la Nature*, Paris, Payot.

Guyon, Etienne (ed.), (2006), *L'Ecole normale de l'an III,* Paris, Editions Rue d'Ulm.

Haldane, John Burdon Sanderson, ([1927] 1985), « On being the right size » dans *On Being the Right Size and Other Essays*, Oxford, New York, Oxford University Press.

Haldane, John Burdon Sanderson, (1949), *What is Life ?*, London, Lindsay Drummond.

Hamilton, W. D., (1964), « The Genetical Evolution of Social Behavior », *Journal of Theoretical Biology*, nº 7 ; part. I, p. 1-16 ; part. II, p. 17-52.

Harding, Wendy *et al.*, *Insects and Texts : Spinning Webs of Wonder*, Explora International Conference, 4-5 May 2010, Toulouse Natural History Museum/CAS (UTM).

Haüy, René-Just, (1792), « Sur les rapports de figure qui existent entre l'alvéole des Abeilles et le grenat dodécaèdre », *Journal d'histoire naturelle*, t. II, p. 47-53.

Heidegger, Martin, ([1983] 1992), *Les Concepts fondamentaux de la metaphysique : Monde-finitude-*

solitude, cours 1923-1944, texte établi par Friedrich-Wilhelm von Herrmann, trad. de l'allemand par Daniel Panis, Paris, Gallimard.（ハイデッガー『形而上学の根本諸概念』川原栄峰・セヴェリン・ミュラー訳　創文社　1998）

Hennig, Willi, ([1965] 1987) « Phylogenetic Systematics », *A. Rev. Ent.*, vol. X, p. 97-116. Reproduit et traduit dans Daniel Gouget *et al.* (ed.), *Systematique cladistique. Quelques textes fondamentaux. Glossaire*, 2e éd., Paris, Société française de systématique, « Biosystema, 2 », p. 1-30.

Hülldobler, Bert ; Wilson, Edward O., ([1994] 1996), *Voyage chez les Fourmis. Une exploration scientifique*, trad. de l'américain par D. Olivier [édition originale 1994], Paris, Seuil.（ヘルドブラー『蟻の自然誌』辻和希・松本忠夫訳　朝日新聞社　1997）

Hoquet, Thierry (dir.), (2005), *Les Fondements de la botanique*, Paris, Vuibert.

Huber, François, ([1792] 1796), *Nouvelles observations sur les Abeilles*, Genève, Barde et Manget (réédition à Paris).

Huber, Pierre, (1810), *Recherches sur les mœurs des fourmis indigenes*, Paris et Geneve, Paschoud, xvi-328 p. (trad. anglaise, *The Natural History of Ants,* 1820).

Huyghe, Édith ; Huyghe, François-Bernard, (2006), *La Route de la soie ou les empires du mirage*, Paris, Payot.

Husserl, Edmund, ([1931] 1966)], *Méditations cartesiennes. Introduction à la phénomenologie*, trad. de l'allemand par G. Peiffer et E. Levinas, Paris, Vrin.（フッサール『デカルト的省察』浜渦辰二訳　岩波文庫　2001）

Hutchinson, George Evelyn, (1959), « Hommage to Santa Rosalia or Why Are There So Many Kinds of Animals ? », *The American Naturalist*, vol. XCIII, nº 870, p. 145-159.

Israel, Giorgio ; Millan Gasca, Ana (éd.), (2002), *The Biology of Numbers : The Correspondence of Vito Volterra on Mathematical Biology*, Birkhäuser Verlag, Boston, Basel, Berlin.

Jaisson, Pierre, (1993), *La Fourmi et le Sociobiologiste*, Paris, Odile Jacob, 315 p.

Jansen, Sarah, (2001a), « Histoire d'un transfert de technologie. De l'étude des insectes à la mise au point du Zyklon B », *La Recherche*, nº 340, p. 55-59 (trad. de « Chemical-warfare techniques for insect control : insect "pests" in Germany Before and After World War I », *Endeavour*, nº 24 (1), p. 28-33).

Jansen, Sarah, (2001b), « Ameisehugel, Irrenhaus and Bordell : Insektenkunde und Degenerationdiskurs bei August Forel (1848-1931). Entomologe. Psychiater und Sexualreformer » dans Haas, N. ; Nagele R. ; Rheinberger, H.J. (ed.), *Kontamination*, Eggingen, Edition Isele, p. 141-184.

Jaussaud, Philippe ; Brygoo, Édouard, *Du jardin au Muséum en 516 biographies,* Paris, Museum national d'histoire naturelle, Publications scientifiques, 2004.

Jeannel, René, (1946), *Introduction à l'entomologie*, II, *Biologie,* Paris, Boubée.

Jolivet, Gilbert, (2007), « Peut-on encore lire *L'Insecte* de Jules Michelet ? », *Insectes*, nº 147, p. 9-11.

Jolivet, Paul, (1991), « Les fourmis et les plantes : un exemple de coévolution », *Insectes*, nº 83, p. 3-6.

Jollivet, Servanne ; Romano, Claude (dir.), (2009), *Heidegger en dialogue 1912-1930. Rencontres,*

affinités et confrontations, Paris, Vrin.

Jourdheuil, Pierre ; Grison, Pierre ; Fraval, Alain, (1991), « La lutte biologique un aperçu historique », *Courrier de la cellule environnement de l'INRA*, n° 15, p. 37-60.

Judson, Olivia, (2006), *Manuel universel d'éducation sexuelle à l'usage de toutes les espèces* [2002], Paris, Seuil.

Jünger, Ernst, ([1967] 1969), *Chasses subtiles*, trad. de l'allemand par Henri Plard, Paris, Christian Bourgois.

Kafka, Franz, *La Mètamorphose* [1915], trad. de l'allemand par Alexandre Vialatte, Paris, Gallimard, 1955.（カフカ『変身』丘沢静也訳　光文社古典新訳文庫　2007）

Kaplan, Edward K., (1977), *Michelet's Poetic Vision. A Romantic Philosophy of Nature, Man, & Woman*, Amherst, University of Massachussets Press.

Karlson, Peter ; Lüscher, Martin, (1959), « "Pheromones", a new term for a class of Biologically Active substances », *Nature*, n° 183, p. 55-56.

King, Lawrence J., (1975), « Sprengel », dans Gillispie, Charles C. (ed.), *Dictionary of Scientific Biography*, vol. XII, New York, Scribner, p. 587-591.

Kingsland, Sharon E, (1985), *Modeling Nature, Episodes in the History of Population Ecology*, Chicago, The University of Chicago Press.

Kirby, William ; Spence, William, (1814), *Introduction to Entomology. Elements of the Natural History of Insects*, 1814-1826 (4 vol.).

Koenig, Samuel, (1740), « Lettre de M. Koenig à M. A. B. écrite de Paris à Berne le 29 novembre sur la construction des alvéoles des Abeilles… », *Journal helvétique*, p. 353-363 Kohler, Robert E., (1994), *Lords of the Fly,* Drosophila *Genetics and the Experimental Life*, Chicago et London, University of Chicago Press.

Kropotkine, Pierre, (1979), *L'Entr'aide un facteur de l'évolution* [éd. or. En anglais 1902], préface de Francis Laveix, Paris, Éditions de l'Entr'aide.（クロポトキン『相互扶助論』大杉栄訳　同時代社　2012）

La Vergata, Antonello, (1996), « Espinas, Alfred 1844-1922 » dans Tort, Patrick (ed.), *Dictionnaire du darwinisme et de l'évolution*, Paris, PUF, t. I, p. 1402-1403.

Lacène, Antoine, (1822), *Mémoire sur les Abeilles*, Lyon, Société royale d'agriculture de Lyon.

Lacoste, Jean, (1997), *Goethe, Science et Philosophie,* Paris, PUF.

Lamarck, Jean-Baptiste, (1801), « Discours d'ouverture du cours de zoologie, donné dans le Muséum national d'histoire naturelle, l'an VIII de la République, le 21 floreal », reproduit dans *Systèmes des animaux sans vertèbres,* Paris, Deterville.

Lamarck, Jean-Baptiste, ([1809] 1994), *Philosophie zoologique*, Paris, Flammarion.（ラマルク『動物哲学』小泉丹・山田吉彦訳　岩波書店　1954）

Lamore, Donald H., (1969), *L'Image chez J.-H. Fabre d'après « La vie des araignées », étude stylistique*, La Pensée universitaire, Aix-en-Provence.

Lamy, Michel, (1997), *Les Insectes et les Hommes*, Paris, Albin Michel.

Larrere, Catherine ; Larrere, Raphaël, (1997), « Le contrat domestique », *Le Courrier de l'Environnement de l'INRA*, nº 30, p. 5-18.

Latour, Bruno, (1984), *Les Microbes, Guerre et paix*, Paris, Métailié.

Latreille, Pierre-André, (1798), *Essai sur l'histoire des Fourmis de la France*, Brive, Bourdeaux. Reprint : Genève, Champion-Slatkine ; Paris, Cité des Sciences, 1989.

Latreille, Pierre-André, *Histoire naturelle des Fourmis et Recueil de Mémoires et d'Observations sur les Abeilles, les Araignées, les Faucheurs et autres Insectes*, Paris, Théophile Barrois père, 1802.

Latreille, Pierre-André, (1810), *Considérations générales sur l'ordre naturel concernant les classes des Crustacés, des Arachnides et des Insectes*, Paris, Schoell.

Lecointre, Guillaume ; Le Guyader, Hervé, (2001), *Classification phylogénétique du vivant*, illustrations Dominique Visset, Paris, Belin.

Le Goff, Jacques, (1964), *La Civilisation de l'Occident médiéval*, Paris, Arthaud.（ル・ゴフ『西欧中世文明』桐村泰次訳　論創社　2007）

Le Guyader, Hervé, (2000), « Le concept de plan d'organisation : quelques aspects de son histoire », *Revue d'histoire des sciences*, 53, nº 3-4, p. 339-379.

Lepeletier de Saint-Fargeau, Amédée, (1836), *Histoire naturelle des Insectes. Hyménoptères*, t. I, Paris, Roret.

Leraut, Patrice ; Mermet, Gilles, *Regard sur les insectes*, Paris, MNHN, Imprimerie nationale, 2003.

Lesser, Friedrich Christian, (1742), *Théologie des insectes, ou Démonstration des perfections de Dieu dans tout ce qui concerne les insectes*, trad. de l'allemand avec des remarques par Pierre Lyonet, La Haye, Jean Swart.

Lestel, Dominique, (1985), « Les Fourmis dans le panoptique », *Culture technique*, nº 14, p. 125-131.

Lestel, Dominique, ([2001] 2003), *Les Origines animales de la culture*, Paris, Flammarion.

Levi-Strauss, Claude, (2002), « Guillaume Lecointre & Hervé Le Guyader, *Classification phylogénétique du vivant* [2001] », *L'Homme*, nº 162, avriljuin. En ligne depuis 2007 : <http://lhomme.revues.org/index169.html>

Lhoste, Jean, (1987) *Les Entomologistes français, 1750-1950*, s.l., INRA-OPIE.

Lhoste, Jean ; Casevitz-Weulersse, Janine, (1997) (éd.), *La Fourmi*, Lausanne, Favre, Paris, Muséum national d'histoire naturelle.

Lhoste, Jean ; Henry, Bernard, (1990), « Les insectes dans l'art d'Extrême-Orient », *Insectes*, nº 76, p. 16-17 et nº 77, p. 16-17.

Linné, Carl von, [(1744] 1758), *Systema naturae*. Réimpression de la 4ᵉ éd., dans *Opera varia in quibus continentur Fundamenta Botanica, Sponsalia plantarum, Systemae Naturae*, Lucae (Leyde), Typographia Justiniana.

Linne, Carl von, ([1751] 1966), *Philosophia Botanica*, Stockholm. Reimpression en fac-similé, J. Cramer, Lehre.

Linne, Carl von, *Systema naturae,* 10ᵉ éd., Holmiæ (Stockholm), Salvius, 1758.

Linne, Carl von, (1972), *L'Équilibre de la nature*, textes rassemblés par Camille Limoges, trad. par Bernard Jasmin, Paris, Vrin.

Lotka, Alfred, (1925), *Elements of Physical Biology*, Baltimore, Williams & Wilkins Company

(accessible en ligne), réimprime par Dover en 1956 sous le titre *Elements of Mathematical Biology*.

Lourenco, Wilson R., (2008), « La biologie reproductrice chez les Scorpions », *Les Amis du Muséum national d'histoire naturelle*, nº 236, p. 49-52.

Lubbock, John, *Ants, bees and wasps : a record of observations on the habits of the social hymenoptera*, London, K. Paul, 1882 (3ᵉ éd.).

Lupoli, Roland, (2011), *L'Insecte médicinal*, Fontenay-sous-Bois, Ancyrosoma.

Lustig, Abigail, (2004), « Ants and the Nature of Nature in August Forel, Erich Wasmann and William Morton Wheeler », dans Daston, L. ; Vidal, F. (ed.), *The Moral Authority of Nature*, Chicago, Chicago University Press, p. 282-307.

Maderspacher, Florian, (2007), « All the queen's men », *Current Biology*, 17, 6, p. 191-195.

Maeterlinck, Maurice, ([1901] 1963), *La Vie des Abeilles*, Paris, Fasquelle.（メーテルリンク『蟻の生活』田中義廣訳　工作舎　2000）

Maeterlinck, Maurice, « Le monde des insectes », dans *Les Sentiers dans la montagne*, Paris, Fasquelle, 1919, p. 81-116.

Maeterlinck, Maurice, ([1926] 1927), *La Vie des Termites*, Paris, Fasquelle.（メーテルリンク『白蟻の生活』尾崎和郎訳　工作舎　2000）

Maeterlinck, Maurice, (1930), *La Vie des Fourmis*, Paris, Fasquelle.（メーテルリンク『蜜蜂の生活』山下和夫・橋本網訳　工作舎　2000）

Magnin, Antoine, (1911), *Charles Nodier naturaliste. Ses œuvres d'histoire naturelle publiées et inédites*, préface de E.-L. Bouvier, Paris, Libraire scientifique Hermann et fils.

Magnin-Gonze, Joëlle, ([2004] 2009), *Histoire de la Botanique*, Paris, Delachaux et Niestlé (2ᵉ édition revue et augmentée).

Mandal, Sandip ; Sarkar, Ram R. ; Somdatta, Sinha, (2011), « Mathematical Models of Malaria : a Review », 10, 202, *Malaria Journal* (en ligne).

Mandeville, Bernard, ([1714] 1990), *La Fable des Abeilles ou les Vices privés font le bien public*, ed. par Paulette et Lucien Carrive, Paris, Vrin.（マンデヴィル『蜂の寓話　私悪すなわち公益』泉谷治訳　法政大学出版局　2015）

Marais, Eugène, ([1938], 1950), *Mœurs et coutumes des Termites. La Fourmi blanche de l'Afrique du Sud,* trad. de S. Bourgeois, préface de Winifred de Kok, avec 23 gravures, Paris, Payot, « Bibliothèque scientifique » [1925, texte en afrikaner ; 1938, éd. anglaise : *The Soul of the White Ants*].（マレース『白蟻談義』永野為武・谷田専治訳　新書院　1941）

Maraldi, Giacomo Filippo, ([1712] 1731), « Observations sur les Abeilles », *Mémoires de l'Academie royale des sciences*, Paris, p. 297-331.

Marchal, Hugues, (2007), « Le conflit des modèles dans la vulgarization entomologique : l'exemple de Michelet, Flammarion et Fabre », *Romantisme*, nº 138, p. 61-74.

Marchenay, Philippe ; Berard, Laurence, (2007), *L'Homme, l'Abeille et le Miel*, Romagnat, De Boree.

Marx, Karl, ([1867] 1969), *Le Capital*, livre I, trad. Joseph Roy, Paris, Flammarion.（マルクス『資本論　経済学批判』第 1 巻　中山元訳　日経 BP 社　2011 〜）

Massis, Henri, (1924), *Jugements II : André Gide, Romain Rolland, Georges Duhamel, Julien Benda, les chapelles littéraires*, Paris, Plon.

Merleau-Ponty, Maurice, (1995), *La Nature*, notes de cours 1957-1958, College de France, texte etabli par P. Seglard, Paris, Seuil.

Michelet, Jules, (1998), *Correspondance générale,* t. VIII (1856-1858), éd. de Louis Le Guillou, Paris, Honoré Champion.

Michelet, Jules, (1858), *L'Insecte*, Paris, Hachette ; nouvelle version éditée par Paule Petitier, Sainte-Marguerite-sur-Mer, Édition des Équateurs, 2011.（ミシュレ『博物誌　虫』石川湧訳　筑摩書房　1995）

Milgram, Maurice ; Atlan, Henri, (1983), « Probabilistic Automata as a Model for Epigenesis of Cellular Networks », *Journal of Theoretical Biology*, n° 103, p. 523-547.

Miller, Peter, (2007), « *The study of swarm intelligence is providing insights that can help humans manage complex systems, from truck routing to military robots* », dans « The Genius of Swarms », *National Geographic*, 212, n° 1, p. 126-147.

Miller, Philip, (1759), « Generation », *The Gardeners Dictionary*, 7e éd., vol. I [non paginé].

Moggridge, Johann Treherne, (1873), *Harvesting Ants and Trap down Spiders, Notes and Observations on their Habits and Dwelings*, London, L. Reeve & Co.

Montaigne, Michel de, (1962), *Essais*, Paris, Garnier (2 vol.).（モンテーニュ『エセー』　宮下志朗訳　白水社　2005-2016）

Morange, Michel, (1994), *Histoire de la biologie moléculaire*, Paris, La Découverte.

Morgan, Thomas Hunt, « The Relation of Genetics to Physiology and Medicine », *Nobel Lecture, Physiology or Medicine* (1933), 1922-1941, Amsterdam, Elsevier, 1965, p. 313-328.

Morgan, Thomas Hunt ; Sturtevant, Alfred ; Muller, Hermann Joseph ; Bridges, Calvin, *The Mechanism of Mendelian Heredity*, New York, Henry Holt, 1915.

Mornet, Daniel, (1911), *Les Sciences de la Nature en France au xviiie siecle, un chapitre de l'histoire des idées*, Paris, Armand Colin.

Mulsant, Étienne, (1830), *Lettres à Julie sur l'entomologie*, Lyon, Babeuf (2 vol.).

Népote-Desmarres, Fanny, (1999), *La Fontaine. Fables*, Paris, PUF.

Nodier, Charles, ([1832] 1982), *La Fee aux miettes* [1832] ; *Smarra* [1821], *Trilby* [1822], édition presentée par Patrick Berthier, Paris, Gallimard, « Folio ».

Nuridsany, Claude ; Pérennou, Marie, (1996), *Microcosmos, le peuple de l'herbe*, Paris, La Martinière.（ナリサーニー／ペルノー『ミクロコスモス』日高隆監修・加藤珪訳　トレヴィル　1997）

Orr, Linda, (1976), *Jules Michelet, Nature, History and Language*, Ithaca, Cornell University Press.

Ostachuk, Agustin, (2013), « El Umwelt de Uexkull y Merleau-Ponty », *Ludus Vitalis,* vol. XXI, n° 39, p. 45-65.

Pain, Janine, (1988), « Les phéromones d'Insectes : 30 ans de recherche », *Insectes*, n° 69, p. 2-4.

Pappus d'Alexandrie, ([1932] 1982), *La Collection Mathématique*, introduction et trad. par Paul ver Eecke, Paris, A. Blanchard.

Pascal, Blaise, (1954), *Pensées,* dans *Œuvres complètes*, édition établie par Jacques Chevalier, Paris, Gallimard.（パスカル『パンセ』前田陽一・由木康訳　中公文庫　1973）

Passera, Luc, (1984), *L'Organisation sociale des Fourmis*, Toulouse, Éditions Privat.

Passera, Luc, (2006), *La Véritable histoire des Fourmis*, Paris, Fayard.

Peckham, George W. ; Peckham, Elizabeth G., *Wasps, Solitary and Social,* Boston and New York, Houghton, Mifflin and Company, 1905.

Pelozuelo, Laurent, (2008), « La Femme des sables : regards d'entomologistes », *Inf 'opie-mp*, nº 8. En ligne :< http://www.insectes.org/opie/pdf/685_pagesdynadocs49639ceac4954.pdf >

Pelozuelo, Laurent, (2007), « Mushi », *Insectes,* nº 145, p. 9-12.

Perrin, Hélène, (2008), « Hymnes au charançon », *Insectes,* nº 148, p. 11-13.

Perrin, Hélène, (2009), « Coton, charançon, chansons… », *Mémoires de la SEF*, nº 8, p. 67-69.

Perrin, Hélène, (2010), « Des charançons à la rescousse », *Insectes,* nº 159, p. 23-27.

Perron, Jean-Marie, (2006), « Connaissez-vous les *Lettres à Julie?* », *Antennae* (Bulletin de la Société d'entomologie du Québec), vol. XIII, nº 1, p. 5-7. En ligne :< http://www.seq.qc.ca/antennae/archives/articles/Article_13-1-Lettres_a_Julie.pdf >

Perru, Olivier, (2003), « La problématique des insectes sociaux : ses origins au xviiie siècle et l'œuvre de Pierre-André Latreille », *Bulletin d'histoire et d'épistémologie des sciences de la vie*, vol. X, nº 1, p. 9-38.

Petit, Annie, (1988), « La diffusion des sciences comme souci philosophique : Bergson », dans Bensaude-Vincent, B. ; Blondel, C. (éd.), *Vulgariser les sciences (1919-1939) Acteurs, projets, enjeux, Cahiers d'histoire et de philosophie des sciences*, nº 24, p. 15-32.

Petit, Annie, (1991), « La philosophie bergsonienne, aide ou entrave pour la pensée biologique contemporaine », *Uroboros, Revista international de filosofia de la biología*, vol. I, nº 2, p. 177-179.

Petit, Annie, (1999), « Animalité et humanité : proximité et alterité selon H. Bergson », *Revue européenne des sciences sociales*, 37, nº 115, p. 171-183.

Petit, Annie, (2007), « Science et synthèse selon Marcellin Berthelot », dans Jean-Claude Pont *et al.* (éd.), *Pour comprendre le xixe siècle, Histoire et philosophie des sciences a la fin du siècle*, Firenze, Leo Olschki, p. 3-42.

Picq, Pascal, (2003), « Le réel des animaux », dans Cohen-Tannoudji, G. ; Noël, E. (éd.), *Le Réel et ses dimensions*, EDP Sciences, p. 109-127.

Pieron, Julien, (2010), « Monadologie et/ou constructivisme : Heidegger, Deleuze, Uexküll », *Bulletin d'analyse phénoménologique*, vol. VI, nº 2 : *La Nature vivante* (Actes nº 2). En ligne :< http://popups.ulg.ac.be/bap/document.php?id=384 >

Pilet, P.E, (1972) « Forel Auguste Henri… », dans Gillispie, Charles C (éd.), *Dictionary of Scientific Biography*, New York, Scribner, vol. V, p. 73-74.

Pinault-Sorensen, Madeleine, (1991), *Le Peintre et l'Histoire naturelle,* Paris, Flammarion.

Platon, (1950), *Œuvres complètes*, trad. et notes de Léon Robin, Paris, Gallimard, « Bibliothèque de la

Pléiade» (2 vol.).

Pline l'Ancien, (1848-1850), *Histoire naturelle*, livre XI, trad. par Émile Littré, Paris, Dubochet. Édition électronique en ligne dirigée par Philippe Remacle, en collaboration avec Agnès Vinas (dans : site Méditerranées :< http://remacle.org/bloodwolf/erudits/plineancien/ >).（『プリニウスの博物誌』中野定雄他訳　雄山閣出版　1986）

Pluche, Noël Antoine, (1732), *Le Spectacle de la Nature ou Entretiens sur les particularités de l'Histoire naturelle qui ont paru les plus propres à rendre les jeunes gens curieux et à leur former l'esprit*, Paris, V. Estienne.

Poincaré, Henri, (1908), *Science et méthode*, Paris, Flammarion.（ポアンカレ『科学と方法』吉田洋一訳　岩波文庫　1953）

Poliakov, Léon, (1968), *Histoire de l'antisemitisme. De Voltaire à Wagner,* Paris, Calmann-Lévy.（ポリアコフ『反ユダヤ主義の歴史』全5巻　菅野賢治・合田正人・小幡谷友二・高橋博美・宮崎海子訳　筑摩書房　2005-2007）

Poupart, François, (1704), «Histoire du Formica-léo», *Mémoires de l'Académie royale des sciences*, Paris, p. 215-246.

Prete, Frederick R., (1991), «Can Female Rule the Hive? The Controversy over Honey Bee Gender Roles in British Beekeeping Texts of the Sixteenth-Eighteenth Centuries», *Journal of the History of Biology*, vol. XXIV, nº 1, p. 113-144.

Prete, Frederick R., (1990), «The Conundrum of the Honey Bees : One Impediment to the Publication of Darwin's Theory», *Journal of the History of Biology*, vol. XXIII, nº 2, p. 271-290.

Proust, Marcel, ([1913] 1954), *Du côté de chez Swann*, dans *À la recherche du temps perdu*, Paris, Gallimard, (Pléiade), t. I, p. 3-427.（プルースト『失われた時を求めて』「スワン家のほうへ」吉川一義訳　岩波文庫　2010-2011）

Proust, Marcel, ([1921] 1954), *Sodome et Gomorrhe*, dans *À la recherche du temps perdu*, Paris, Gallimard, (Pléiade), t. II, p. 601-1131.（プルースト『失われた時を求めて』「ソドムとゴモラ」吉川一義訳　岩波文庫　2015）

Punnett, Reginald, (1915), *Mimicry in Butterflies,* Cambridge, Cambridge University Press.

Quatrefages, Armand de, (1854), *Souvenirs d'un naturaliste*, Paris, Masson, t. II.

Radelet de Grave, Patricia, (1998), «La moindre action comme lien entre la philosophie naturelle et la mecanique analytique. Continuité d'un questionnement», *LLULL,* vol. XXI, p. 439-484.

Rameaux, Jean-François, (1858), «Des lois suivant lesquelles les dimensions du corps dans certaines classes d'animaux déterminent la capacité et les mouvements fonctionnels des poumons et du cœur», Mémoires couronnés et mémoires des savants étrangers publiés par l'Académie royale de Belgique, t. XXIX, 3.

Rameaux, Jean-François ; Sarrus, Frédéric, (1838-1839), «Rapport sur un memoire adressé a l'Académie royale de médecine par MM. Sarrus, professeur de mathematiques à la faculté des sciences de Strasbourg, et Rameaux, docteur en médecine et ès sciences.» (Commissaires : Robiquet et Thillaye), *Bulletin de l'Académie royale de médecine*, t. III, p. 1094-1100.

Ratcliff, Marc, (1996), « Naturalisme méthodologique et science des mœurs animales au xviiie siècle », *Bulletin d'histoire et d'épistémologie des sciences de la vie*, vol. III, n°1, p. 17-29.

Raulin-Cerceau, Florence, avec la collaboration de Bilodeau, Bénédicte, (2009), *Les Origines de la vie. Histoire des idées*, Paris, Ellipses.

Ray, John, ([1717] 1977), *The Wisdom of God Manifested in the Works of the Creation*, London, ed. par R. Harbin, pour William Innys. Reprint New York, Arno Press.

Réaumur, René Antoine Ferchault, (1734-1742), *Mémoires pour servir à l'histoire des Insectes*, Paris, Imprimerie royale (6 vol.).

Réaumur, René Antoine Ferchault, (1926), *The Natural History of Ants, From an Unpublished Manuscript in the Archives of the Academy of Sciences of Paris,* trad. et notes par William Morton Wheeler, New York, London, Alfred A. Knopf.

Réaumur, René Antoine Ferchault, (1928), *Histoire des Fourmis*, éd. par E.L. Bouvier et C.L. Pérez, Paris, Lechevalier.

Revel, E. (1951), *J.-H. Fabre. L'Homère des Insectes,* Paris, Delagrave.

Rigol, Loïc, (2005), « Alphonse Toussenel et l'éclair analogique de la science des races », *Romantisme*, 4, n° 130, p. 39-53.

Robert, Paul-André, (2001), *Les Insectes*, éd. mise à jour par J. d'Aguilar, Lausanne, Delachaux et Niestlé [plusieurs éditions de 1936 à 1960].

Robillard, Tony ; Desutter, Laure, (2008), « Clarification of the Taxonomy of Extant Crickets of the Subfamily Eneopterinae (Orthoptera : Grylloidea ; Gryllidae) », *Zootaxa* 1789, p. 66-68. En ligne :< http://www.researchgate.net/publication/228507600_Clarification_of_the_taxonomy_of_extant_crickets_of_the_subfamily_Eneopterinae_(Orthoptera_Grylloidea_Gryllidae) >

Rollard, Christine ; Tardieu, Vincent, (2011), *Arachna. Les voyages d'une femme araignée*, Paris, MNHN/Belin.

Roman, Myriam, (2007) « Histoire naturelle et représentation sociale après 1848 (Toussenel/Michelet) », deuxième journée d'étude consacrée à *L'Animal du xixe siècle* (Paule Petitier dir.), université Paris VII-Denis Diderot. En ligne :< http://groupugo.div.jussieu.fr >

Ross, Ronald, (1902), *Mosquito Brigades and how to Organize Them*, New York, Longmans, Green ; London, G. Philip & Son.

Roughgarden, Joan, (2012), *Le Gène généreux, Pour un darwinisme coopératif*, trad. par Thierry Hoquet, Paris, Seuil, « Science ouverte ».

Rousseau, Jean-Jacques, ([1762] 1969), *Émile ou De l'education*, dans *Œuvres complètes*, vol. IV, Paris, Gallimard, (Pléiade).（ルソー『エミール』今野一雄訳　岩波文庫　1964）

Ruelland, Jacques, (2004), *L'Empire des gènes*, Paris, ENS Éditions.

Ruting, Torsten, (2004), « History and Significance of Jacob von Uexkull and his Institute in Hamburg », *Sign Systems Studies*, 32, 1/2, p. 35-72.

Sartori, Michel ; Cherix, Daniel, (1983), « Histoire de l'étude des Insectes Sociaux en Suisse à travers l'œuvre d'Auguste Forel », *Bulletin de la Societé entomologique de France, 150e anniversaire*, vol. LXXXVIII, p. 66-74.

Schlanger, Judith, (1971), *Les Metaphores de l'organisme*, Paris, Vrin.

Schmidt-Nielsen, Knut, (1984), *Scaling. Why Animal Size is so Important?*, Cambridge, Cambridge University Press.（シュミット＝ニールセン『スケーリング動物設計論　動物の大きさは何で決まるのか』下沢楯夫監訳・大原昌宏・浦野和訳　コロナ社　1995）

Schmitt, Stéphane, (2004), *Histoire d'une question anatomique : le problèm des parties répétées*, Paris, Publications scientifiques du MNHN.

Schuhl, Pierre Maxime, (1947), « Le thème de Gulliver et le postulat de Laplace », *Journal de psychologie*, 40, nº 2, p. 169-184.

Secord, Jim (dir.), *Darwin Correspondance Project*, Cambridge (G.B.) (en ligne).

Semeria, Yves, (1985), « Le philosophe et l'Insecte. Nicolas Malebranche, 1638-1715 : ou l'entomologiste de Dieu », *Supplément du Bulletin mensuel de la Societé linnéenne de Lyon*, 54e année, nº 1, p. i-vi.

Serres, Michel, (1990), *Le Contrat naturel*, Paris, François Bourin.（セール『自然契約』及川馥・米山親能訳　法政大学出版局　1994）

Serres, Olivier de, ([1600] 2001), *Le Théâtre d'Agriculture et Mesnage des Champs*, Le Mejan, Actes Sud.

Siganos, André, (1985), *Les Mythologies de l'Insecte. Histoire d'une fascination*, Paris, Librairie des Méridiens.

Sigrist, René ; Barras, Vincent ; Ratcliff, Marc, (1999), *Louis Jurine, Chirurgien et naturaliste (1751-1819)*, Genève, Georg.

Sleigh, Charlotte, « Empire of the Ants : H.G. Wells and Tropical Entomology », *Science as Culture*, 10, nº 1, 2001, p. 33-71.

Sleigh, Charlotte, ([2003] 2005), *Fourmis*, trad. Dominique Le Bouteiller, Paris, Delachaux et Niestle.

Smeathman, Henry, (1786), *Mémoire pour servir à l'histoire de quelques insectes connus sous les noms de termes* [= Termites] *ou fourmis blanches*, Paris [éd. or. dans *Philosophical Transactions*, Royal Society, vol. XXI, 1781].

Smith, Adam, ([1776] 2009), *Recherches sur la nature et les causes de la richesse des nations*, trad. par Germain Garnier, choix de textes et notes par Jacques Valier, Paris, Le Monde/Flammarion.（スミス『国富論』山岡洋一訳　日本経済新聞出版社　2007）

Smith, D. L. ; Battle, K. E. ; Hay, S. L. ; Barker, C. M. ; Scott, T. W. *et al.*, (2012), « Ross, MacDonald and a Theory for the Dynamics and Control of Mosquito-Transmitted Pathogens », *PLOS Pathog*, vol. VIII, 4 (en ligne).

Smith, Ray ; Mittler, Thomas ; Smith, Carroll, (1973), *History of Entomology*, Palo Alto, Entomological Society of America, *Annual Review*.

Sprengel, Christian Konrad, (1793), *Das entdeckte Geheimnis der Natur im Bau und in der Befruchtung der Blumen*, Berlin.

Stafleu, Frans A., (1971), *Linnaeus and the Linnaeans. The Spreading of their Ideas in Systematic Botany : 1735-1789*, Utrecht, Oostoek.

Swammerdam, Jan, (1758), *Histoire naturelle des Insectes traduite du Biblia naturae avec 36 planches et*

des notes, Dijon, Desventes.

Swift, Jonathan, ([1726/1735] 1954), *Gulliver's Travels*, London, J.-M. Dent & Sons, New York, E.P. Dutton & Co.（スウィフト『ガリヴァー旅行記』富山太佳夫訳　岩波書店　2002）

Tassy, Pascal, (1991), *L'Arbre à remonter le temps*, Paris, Christian Bourgois.

Tassy, Pascal, *Le Paléontologue et l'Évolution*, Paris, Le Pommier, 2000.

Theophraste, (2003), *Recherches sur les plantes*, trad. par Suzanne Amigues, Paris, Les Belles Lettres, t. I.（テオプラストス『博物誌』小川洋子訳　京都大学学術出版会　2008, 2015）

Theraulaz, Guy ; Bonabeau, Éric, (1999), « A Brief History of Stimergy », *Artificial Life*, 5, p. 97-116.

Theraulaz, Guy ; Bonabeau, Éric ; Deneubourg, Jean-Louis, « Les Insectes architectes ont-ils leur nid dans la tête ? », *La Recherche*, n° 313, 1998, p. 84-90.

Thibaud, Jean-Marc, (2010), « Les Collemboles, ces Hexapodes vieux de 400 millions d'années, cousins des Insectes, si communs, mais si méconnus », *Les Amis du Muséum national d'histoire naturelle*, n° 242, p. 20-23.

Thompson, D'Arcy W., (1992), *On Growth and Form* [1917/1961], préface de Stephen Jay Gould, Cambridge, Cambridge University Press (ed. Canto).（トムソン『生物のかたち』柳田友道訳　東京大学出版会　1973）

Thompson, D'Arcy W., (2009), *Forme et Croissance* [1994], trad. par Monique Teyssié, préface de Stephen Jay Gould, avant-propos d'Alain Prochiantz, Paris, Seuil, « Science ouverte ».

Thorpe, Vanessa, (2012), « *Book review sparks war of words between grand old man of biology and Oxford most high-profile Darwinist* », dans « Richard Dawkins in Furious Row with E. O. Wilson », *The Observer*, 24 juin.

Tinbergen, Nikolaas, *La Vie sociale des animaux*, Paris, Payot, 1967.

Torlais, Jean, (1961), *Un esprit encyclopédique en dehors de l'Encyclopédie : Reaumur*, Paris, Albert Blanchard.

Tort, Patrick, (1996) « Forel Auguste Henri 1848-1931 », dans Patrick Tort (éd.), *Dictionnaire du darwinisme et de l'évolution*, Paris, PUF, t. II, p. 1705-1710.

Tort, Patrick, (2002), *Fabre. Le Miroir aux insectes*, Paris, Vuibert/ADAPT.

Toussenel, Alphonse, (1859), *L'Esprit des bêtes. Le Monde des oiseaux, ornithologie passionnelle*, Paris, Librairie phalansterienne.

Trembley, Jacques (dir.) (1987), *Les Savants genevois dans l'Europe intellectuelle du xviie au milieu du xixe siècle*, Editions du *Journal de Genève*.

Uexküll, Jacob von, ([1934] 1965), *Mondes animaux et mondes humains* [éd. all. 1934/1956], suivis de *Théorie de la signification* [éd. all. 1940], trad. de l'allemand et presente par Philippe Muller, Paris, Gonthier.

Utamaro, Kitagawa, ([1788] 2009), *Album d'Insectes choisis, Concours de poèmes burlesques des myriades d'oiseaux* [1789], textes et poèms trad. du japonais et présentés par Christophe Marquet, avant-propos de Dominique Morelon, préface d'Elisabeth Lemire, Arles, Éditions Philippe Picquier/INHA (coffret contenant deux albums d'images et une brochure de textes).

（喜多川歌麿『画本虫撰』『百千鳥狂歌会』）

Vanden Eeckhoudt, Jean-Pierre, (1965), *Visages d'Insectes*, Paris, L'École des loisirs.

Veuille, Michel, (1997), *La Sociobiologie* [1986], 2e éd., Paris, PUF.

Villemant, Claire, (2005), « Les nids d'abeilles solitaires et sociales », *Insectes*, nº 137, p. 13-17.

Virey, Julien-Joseph, (1819) « Société des animaux », dans *Nouveau dictionnaire d'histoire naturelle*, t. XXXI, Paris, Déterville, p. 358-359.

Virgile, (1994), *Géorgiques*, trad. par E. Saint-Denis, édition revue par R. Lessueur, Paris, Les Belles Lettres.（ウェルギリウス『牧歌／農耕詩』小川正廣訳　京都大学学術出版会　2004）

Voltaire, ([1752] 1960), *Micromégas*, dans *Romans et Contes*, Paris, Garnier, p. 96-113.（ヴォルテール『ミクロメガス』川口顕弘訳　国書刊行会　1988）

Volterra, Vito ; D'Ancona, Umberto, (1935), *Les Associations biologiques au point de vue mathématique*, Paris, Hermann.

Wallace, Alfred Russel, ([1889] 1897), *Darwinism, an Exposition of the Theory of Natural Selection with some of its Applications*, London, Macmillan.（ウォレス『ダーウィニズム　自然淘汰説の解説とその適用例』長澤純夫・大曾根静香訳　新思索社　2008）

Wells, Herbert George, *The Empire of the Ants and Other Short Stories*, [1905] ; *L'Empire des fourmis et autres nouvelles*, trad. et notes de Joseph Dobrinsky, Paris, Le Livre de poche, 1990.

Werber, Bernard, (1991), *Les Fourmis*, Paris, Albin Michel.（ウェルベル『蟻』小中陽太郎・森山隆訳　角川書店　2003）

Wheeler, William Morton, (1926), *Les Sociétés d'insectes. Leur origine. Leur évolution*, Paris, Doin.（ウィーラー『昆虫の社会生活』渋谷寿夫・松本忠夫訳　紀伊國屋書店　1986）

Wilson, Edward O., (1975) *Sociobiology : the New Synthesis*, Cambridge(Mass.), Harvard University Press.（ウィルソン『社会生物学』伊藤嘉昭監修・坂上昭一他訳　新思索社　1999）

Wilson, Edward O., (1976), « The Central Problem of Sociobiology », dans May, R. (ed.), *Theoretical Ecology : Principles and Applications*, Oxford, Blackwell, p. 205-217.

Wilson, Edward O., (1978), « Introduction : What is Sociobiology ? », dans Gregory, Michael ; Silvers, Anita ; Sutch, Diane (ed.), *Sociobiology and Human Nature : an Interdisciplinary Critique and Defense*, San Francisco, Jossey Bass, p. 1-12.

Wilson, Edward O., (1984), « Clockwork Lives of the Amazonian Leafcutter Army », *Smithsonian*, 15, 7, p. 92-100.

Winsor, Mary P., (1976), « The Development of Linnaeus Insect Classification », *Taxon*, 25, 1, p. 57-67.

Xénophon, ([1949] 2008), *Economique*, trad. par Pierre Chantraine, introduction par Claude Mosse, Paris, Les Belles Lettres.（クセノフォン『オイコノミクス　家政について』越前谷悦子訳　リーベル出版　2010）

Yavetz, Ido, (1988), « Jean-Henri Fabre and Evolution : Indifference or Blind Hatred ? », *Hist. Phil. Life Sci.*, vol. X, p. 3-36.
Yavetz, Ido, (1991). « Theory and Reality in the Work of Jean-Henri Fabre », *Hist. Phil. Life Sci.*, vol. XIII, p. 33-72.

著者略歴

(Jean-Marc Drouin)

1948年生まれ．フランスの科学史家．高校で哲学を教えた後，1994年，国立自然史博物館准教授に任命され，アレクサンドル・コイレ・センター副所長、国立自然史博物館の人間・自然・社会部門のメンバーとなる．2004年から，科学史・科学哲学の教授として後進の指導，常設展示と特別展の企画に加わった．2008年退官後は，研究，執筆，講演の日々を送っている．著書に『エコロジーとその歴史』（ミシェル・セール序文，1993）『哲学者の植物標本』（2008）など．2014年，本書『昆虫の哲学』によりアカデミー・フランセーズの「モロン・グランプリ」を受賞．

訳者略歴

辻由美〈つじ・ゆみ〉翻訳家・作家．著書『図書館で遊ぼう』（1999，講談社現代新書）『火の女シャトレ侯爵夫人 18世紀フランス，希代の科学者の生涯』（2004，新評論）『読書教育』（2008，みすず書房）ほか．訳書 ジャコブ『内なる肖像 一生物学者のオデュッセイア』（1989，みすず書房）ポンタリス『彼女たち』（2008，みすず書房）チェン『ティエンイの物語』（2011，みすず書房）ドゥヴィル『ペスト＆コレラ』（2014，みすず書房）ほか．

ジャン＝マルク・ドルーアン

昆虫の哲学

辻 由美訳

2016年 5 月 10 日　印刷
2016年 5 月 20 日　発行

発行所 株式会社 みすず書房
〒113-0033 東京都文京区本郷 5 丁目 32-21
電話 03-3814-0131(営業) 03-3815-9181(編集)
http://www.msz.co.jp

本文組版 キャップス
本文印刷・製本所 中央精版印刷
扉・表紙・カバー印刷所 リヒトプランニング

© 2016 in Japan by Misuzu Shobo
Printed in Japan
ISBN 978-4-622-07988-0
［こんちゅうのてつがく］
落丁・乱丁本はお取替えいたします